电力企业安全生产

熊静雯　宋卫国　编

化学工业出版社
·北京·

本书根据国家相关法律法规和国家电网系统制定的行业标准与规范，遵循电力生产和传输企业安全管理标准化、规范化工作要求编写。本书在简要介绍电力生产基本知识的基础上，从电力企业安全生产管理知识、基层班组安全建设、电力生产中常见安全隐患、安全事故应急处理几个方面对新职工和外来实习、务工人员必须具备的安全生产知识和技能进行了较为详细的讲解，对相关人员了解电力安全管理的内容和指导现场应急工作提供了指南。

本书适合电力企业对各级安全与生产管理人员、现场操作和施工人员，尤其对新上岗职工进行安全培训使用。

图书在版编目（CIP）数据

电力企业安全生产/熊静雯，宋卫国编. —北京：化学工业出版社，2015.4

ISBN 978-7-122-23057-7

Ⅰ.①电… Ⅱ.①熊…②宋… Ⅲ.①电力工业-安全生产-基本知识 Ⅳ.①TM08

中国版本图书馆 CIP 数据核字（2015）第 034108 号

责任编辑：李玉晖　杨　菁

责任校对：王素芹　　　　装帧设计：刘丽华

出版发行：化学工业出版社（北京市东城区青年湖南街 13 号　邮政编码 100011）

印　　装：三河市万龙印装有限公司

710mm×1000mm　1/16　印张 10¼　字数 227 千字　2015 年 5 月北京第 1 版第 1 次印刷

购书咨询：010-64518888（传真：010-64519686）　售后服务：010-64518899

网　　址：http://www.cip.com.cn

凡购买本书，如有缺损质量问题，本社销售中心负责调换。

定　　价：30.00 元

FOREWORD 前言

随着《中华人民共和国安全生产法》、《中华人民共和国电力法》、《电力安全生产监督管理办法》、《电力建设安全生产监督管理办法》、国家标准《电力安全工作规程》、国家电网公司《电力建设起重机械安全监督管理办法》、国家电力公司《防止电力生产重大事故的二十五项重点要求》和《电力安全事故应急处置和调查处理条例》等一系列法规制度的相继颁布实施，对电网企业强化安全生产法制化管理和监督提出了新的目标。另外，国民经济各个行业的发展以及人民生活水平的不断提高，对电力的消耗和稳定有效供给也提出了更高的要求。

电网企业正处于快速发展时期，自动化控制水平不断提高，电力行业的外来务工、实习人员以及新招聘的职工也越来越多，他们的安全意识和规范化操作技能对电网的安全运行、自身安全的保障尤为重要。加强对这些员工进行系统的安全培训和技能训练是每个电力企业必须严格把关的首要工作。

电力生产和输送的安全管理是一个系统工程，坚持“安全第一、预防为主、综合治理”的方针，保障电力生产和供给一直处于“可控、在控、能控”的安全状态，是国家电网公司安全管理的重要指导思想。

在保障安全生产的各要素中，人的安全因素自始至终都是第一位的。因此，与电力生产和传输过程相关联的所有职员的安全意识和规范化操作技能是电网安全的先决条件。这些意识和技能的获得启蒙于安全培训，强化于操作训练之中。因此，各个电力企业在对职工进行安全培训时，都想要选择一本内容深度和广度合适、相对于现场安全控制管理简明实用的教材，鉴于此，笔者编写了这本《电力企业安全生产》职工培训教程。

本书首先简要介绍了电力生产基本知识和我国的电力发展状况，让受训人员对电力生产和传输过程中的技术原理有初步的认识；然后，在此基础上，对电力企业安全生产知识与管理、电力企业班组的安全建设、电力生产中常见的安全隐患、发生安全事故时（后）的应急处理常识、几个实用性极高的安全生产知识和技能进行了较为详细的叙述，以期紧密结合电力企业安全管理的实际，着眼于够用、易掌握、可操作，不追求内容的全面、丰富，具有指导性和可操作性强的特点。本书可供电力企业人事教育部门、安全监察部门、车间班组的安全教育培训时选用，也可作为相关专业学生进厂实习的安全培训用书。

由于笔者的学识水平有限，成稿时间仓促，书中难免存在疏漏和不妥之处，在此恳请各位行业专家和读者不吝指正，提出宝贵的修改意见，以便在后续的再版中及时改进、完善，谨致以诚挚的感谢！

编者

2015 年 3 月

CONTENTS 目录

第1章 电力生产知识概述

1.1 电力生产相关知识

1.1.1 我国电力生产的主要类型

我国目前电力生产的主要有以下几种类型：火力发电、水力发电、风力发电、核能发电、太阳能发电、地热发电以及燃气-蒸汽联合循环发电等。

1.1.1.1 火力发电

火力发电厂简称火电厂，是利用煤、石油、天然气作为燃料生产电能的工厂。它的基本生产过程是：燃料在锅炉中燃烧加热水使之成蒸汽，将燃料的化学能转换成热能，蒸汽压力推动汽轮机旋转，热能转换成机械能，然后汽轮机带动发电机旋转，将机械能转换成电能。

火力发电按照以下不同的分类方法可分为不同的类型。①按燃料分为燃煤发电厂、燃油发电厂、燃气发电厂、余热发电厂和以垃圾及工业废料为燃料的发电厂；②按原动机分为凝汽式汽轮机发电厂、燃气轮机发电厂、内燃机发电厂、蒸汽-燃气轮机发电厂等；③按输出能源分为凝汽式发电厂（只发电）和热电厂（发电兼供热）；④按蒸汽压力和温度分为低温低压电厂（1.4MPa，350℃）、中温中压发电厂（3.92MPa，450℃）、高温高压发电厂（9.9MPa，540℃）、超高压发电厂（13.83MPa，540℃）、亚临界压力发电厂（16.77MPa，540℃）、超临界压力发电厂（22.11MPa，550℃）、超超临界压力发电厂（31MPa，600℃）；⑤按发电厂装机容量分为小容量发电厂（100MW以下）、中容量发电厂（100～250MW）、大中容量发电厂（250～1000MW）、大容量发电厂（1000MW以上）。

1.1.1.2 水力发电

水力发电（hydroelectric power）系利用河流、湖泊等位于高处具有势能的水流至低处，将其中所含势能转换成水轮机之动能，再借水轮机为原动力，推动发电机产生电能。利用水力（具有水头）推动水力机械（水轮机）转动，将水能转换为机械能，如果在水轮机上接上另一种机械（发电机）随着水轮机转动就可发电，这时机械能又转换为电能。水力发电在某种意义上就是水的位能转换成机械能，再转换成电能的过程。因水力发电厂所发出的电力电压较低，如果要输送给距离较远的用户，就必须将电压经过变压器增高，再由架空输电线路输送到用户集中区的变电所，最后降低为适合家庭用户、工厂用电设备的电压，并由配电线输送到各个工厂及家庭。

水力发电的原理是将水能转换为电能，所用的“原料”是河流、湖泊里的高位水。水力发电按照以下不同的分类方法可分为不同的类型。①按集中落差的方式分为堤坝式水电厂、引水式水电厂、混合式水电厂、潮汐水电厂和抽水蓄能电厂；②按径流调节的程度分为无调节水电厂和有调节水电厂；③按照水源的性质，一般称为常规水电站，即利用天然河流、湖泊等水源发电；④按水电站利用水头的大小分为高水头（70m 以上）、中水头（15～70m）和低水头（低于 15m）水电站；⑤按水电站装机容量的大小分为大型、中型和小型水电站（一般将装机容量在 5000kW 以下的称为小水电站，5000～100000kW 的称为中型水电站，10 万千瓦或以上的称为大型水电站或巨型水电站）。

在 2011 年，全球水力发电厂的装机容量为 970GW❶，向全球提供约 34000 亿千瓦时（3400TW・h）❷ 电力，占可再生能源电力的 75.9%。

1.1.1.3 风力发电

风很早就被人们利用——主要是通过风车来抽水、磨面……如今人们感兴趣的首先是如何利用风来发电。风力发电的原理是利用风力带动风车叶片旋转，再透过增速机将旋转的速度提升，由发电机转换成电能。依据目前的风车技术，大约是每秒 3 米的风速（微风的程度）便可以开始发电。

风是一种潜力很大的新能源。18 世纪初，横扫英法两国的一次狂暴大风，吹毁了四百座风力磨坊、八百座房屋、一百座教堂、四百多条帆船，并有数千人受到伤害，二十五万株大树连根拔起。仅就拔树一事而论，风在数秒钟内就发出了约为 7.35×10^3 MW 的功率！有人估计过，地球上可用来发电的风力资源约有 100 亿千瓦，几乎是现在全世界水力发电量的 10 倍。目前全世界每年燃烧煤所获得的能量，只有风力在一年内所能提供能量的三分之一。

一般三级风就有利用的价值。但从经济合理的角度出发，风速大于每秒 4 米才适宜于发电。因风量不稳定，风力发电机输出的是 13～25V 变化的交流电，须经充电器整流，再对蓄电瓶充电，使风力发电机产生的电能转换成化学能。然后用有保护电路的逆变电源，把蓄电瓶里的化学能转换成 220V 的交流电，才能保证稳定使用。

据测定，当风速为 9.5m/s 时，一台风力发电机组的输出功率为 55kW；当风速 8m/s 时，功率为 38kW；当风速 6m/s 时，功率只有 16kW；当风速 5m/s 时，功率仅为 9.5kW。据了解，目前国外已生产出了 15kW、40kW、45kW、100kW、225kW 的风力发电机。

尽管风力发电机多种多样，但归纳起来可分为两类。

① 水平轴风力发电机，风轮的旋转轴与风向平行；

② 垂直轴风力发电机，风轮的旋转轴垂直于地面或者气流方向。

---

❶ $1GW=10^3MW=10^6kW$

❷ $1TW\cdot h=10^9kW\cdot h$

1.1.1.4 核能发电

核能发电（nuclear electric power generation）是利用核反应堆中核裂变所释放出的热能进行发电的。它与火力发电相似，是以核反应堆及蒸汽发生器来代替火力发电的锅炉，以核裂变能代替矿物燃料的化学能。除沸水堆（即轻水堆的一种）外，其他类型的动力堆都是一回路的冷却剂通过堆心加热，在蒸汽发生器中将热量传给二回路或三回路的水，然后形成蒸汽推动汽轮发电机。沸水堆则是一回路的冷却剂通过堆心加热变成 70atm（约为 7.07×10^{6}Pa）左右的饱和蒸汽，经汽水分离并干燥后直接推动汽轮发电机。

核能发电的能量来自核反应堆中可裂变材料（核燃料）进行裂变反应所释放的裂变能。裂变反应指铀-235、钚-239、铀-233 等重元素在中子作用下分裂成两个碎片，同时释放出中子和大量能量的过程。反应中，可裂变物的原子核吸收一个中子后发生裂变并释放出两三个中子。若这些中子除去消耗，至少有一个中子能引起另一个原子核裂变，使裂变自动持续地进行，则这种反应就称为链式裂变反应。实现链式反应是核能发电的前提。

世界上有比较丰富的核资源，铀的储量约为 417 万吨。地球上可供开发的核燃料资源可提供的能量是矿石燃料的十多万倍。核能应用作为缓和世界能源危机的一种经济有效的措施有许多的优点，如体积小而能量大，核能比化学能大几百万倍。1000g 铀释放的能量相当于 2400t 标准煤释放的能量，一座 100 万千瓦的大型烧煤电站，每年需原煤 300 万～400 万吨，运这些煤需要 2760 列火车，相当于每天 8 列火车，另外还要运走灰渣。同功率的压水堆核电站，一年仅耗铀含量为 3%的低浓缩铀燃料 28t，每 1lb（1lb≈0.45kg）铀的成本，约为 20 美元，换算成一千瓦发电经费是 0.001 美元左右。随着压水堆的进一步改进，核电站会变得更加安全。

1.1.1.5 太阳能发电

太阳照射、散发在地球上的能量是非常巨大的，大约 40 分钟照射在地球上的太阳能，足以供全球人类一年能量的消耗。因此，太阳能是真正取之不尽、用之不竭的能源。而且太阳能发电无污染、无公害。

太阳能是一种干净的可再生的新能源，在人们生活、工作中应用广泛，其中之一就是将太阳能转换为电能。从太阳获得电力，需通过太阳能电池进行光电变换来实现。太阳能电池就是利用太阳能工作的，而太阳能热电站的工作原理则是利用汇聚的太阳光，把水烧至沸腾变为水蒸气，然后用来发电。

太阳能电池主要有单晶硅、多晶硅、非晶态硅三种。单晶硅太阳能电池变换效率最高，已达 20%以上，但价格也最贵。非晶态硅太阳能电池变换效率最低，但价格最便宜，今后最有希望用于一般发电的正是这种电池。一旦它的大面积组件光电变换效率达到 10%，每瓦发电设备价格降到 1～2 美元时，便足以同其他的发电方式竞争。

当然，特殊用途和实验室中用的太阳能电池效率要高得多，如美国波音公司开发的由砷化镓半导体同锑化镓半导体重叠而成的太阳能电池，光电变换效率可达 36%，与燃煤发电的效率相差无几。但由于它价格昂贵，只限于在卫星上使用。

要使太阳能发电真正达到实用水平，一是要提高太阳能光电变换效率并降低其成本，二是要实现太阳能发电与电网联网。

1.1.1.6 地热发电

地热发电是利用液压或爆破碎裂法将水注入岩层中，产生高温水蒸气，然后将蒸汽抽出地面推动涡轮机转动，从而发电。以地下热水和蒸汽为动力源的一种新型发电技术的基本原理与火力发电类似，也是根据能量转换原理，首先把地热能转换为机械能，再把机械能转换为电能。地热能是来自地球深处的可再生热能，它来自地球的熔融岩浆和放射性物质的衰变。地下水深处的循环和来自极深处的岩浆侵入到地壳后，把热量从地下深处带至近表层。地热能的储量比人们目前所耗用的能量的总量还要多，大部分集中分布在地壳构造板块边缘一带。地热能不仅是无污染的清洁能源，而且如果热量提取速度不超过补充的速度，那么热能还是可再生的。

随着化石能源的紧缺、环境压力的加大，人们对于清洁可再生的绿色能源越来越重视，但地热能在很久以前就被人类所利用。在这一利用过程中，将一部分未利用的蒸汽或者废气经过冷凝器处理还原为水回灌到地下，循环往复。针对温度不同的地热资源，地热发电有 4 种基本发电方式，即直接蒸汽发电法、扩容（闪蒸法）发电法、中间介质（双循环式）发电法和全流循环式发电法。

地热蒸汽发电包括一次蒸汽法和二次蒸汽法两大类。①一次蒸汽法是直接利用地下的干饱和（或稍具过热度）蒸汽，或者利用从汽、水混合物中分离出来的蒸汽发电；②二次蒸汽法有两种含义，一种是不直接利用比较脏的天然蒸汽（一次蒸汽），而是让它通过换热器汽化洁净水，再利用洁净蒸汽（二次蒸汽）发电。第二种含义是，将从第一次汽、水分离出来的高温热水进行减压扩容生产二次蒸汽，压力仍高于当地大气压力，与一次蒸汽分别进入汽轮机发电。

1.1.1.7 燃气-蒸汽联合循环发电

燃气-蒸汽联合循环装置是 20 世纪 40 年代末开始发展起来的一种能源综合利用技术，其特征是将具有较高平均吸热温度的燃气轮机循环（布雷顿循环）与具有较低平均放热温度的蒸汽轮机循环（朗肯循环）结合起来，使燃气轮机的废热成为汽轮机循环的加热源，达到扬长避短，相互弥补的目的，使整个联合循环的热能利用水平较燃气轮机循环或汽轮机循环都有明显提高。

燃气-蒸汽联合循环发电装置，由于其具有高效、低耗、启动快、可用率高、投资少、建设周期短及环境污染少等优点，越来越得到世界各国的重视而迅速发展起来。从 2000 年以后，在新增的发电设备总装机容量中，燃气-蒸汽联合循环发电装置超过常规火电站，占电力发展的主导地位。

1.1.2 火力发电的流程与设备

最早的火力发电是 1875 年在巴黎北火车站的火电厂实现的，目前世界上最大的火电厂是 20 世纪 80 年代后期建设的日本鹿儿岛火电厂，容量为 4400MW。火力发电按其作用分单纯供电的和既发电又供热的。按原动机分汽轮机发电、燃气轮机发电、柴油机发电。按所用燃料分，主要有燃煤发电、燃油发电、燃气发电。为提高综合经济效益，火力发电应尽量靠近燃料基地进行。在大城市和工业区则应实施热电联供。

随着发电机、汽轮机制造技术的完善，输变电技术的改进，特别是电力系统的出现以及社会电气化对电能的需求，20 世纪 30 年代以后，火力发电进入大发展的时期。尽管大机组、大电厂可以使火力发电的热效率大为提高，每千瓦的建设投资和发电成本也不断降低，但机组过大又带来运行可靠性、电力可用率的降低，因此到 20 世纪 90 年代初，火力发电单机容量稳定在 300～700MW。

现代化火电厂是一个庞大而又复杂的生产电能与热能的工厂。火电厂内的基本生产过程是：燃料在锅炉中燃烧，释放热量传给锅炉中的水，从而产生高温高压蒸汽；蒸汽通入汽轮机将热能转换为旋转动力，以驱动发电机输出电能。它一般由以下五个系统组成。①燃料系统；②燃烧系统；③汽水系统（燃气轮机发电和柴油机发电无此系统，但这二者在火力发电中所占比重都不大）；④电气系统；⑤控制系统。在上述系统中，最主要的设备是锅炉、汽轮机和发电机，它们安装在发电厂的主厂房内。主变压器和配电装置一般装放在独立的建筑物内或户外，其他辅助设备如给水系统、供水设备、水处理设备、除尘设备、燃料储运设备等，有的安装在主厂房内，有的则安装在辅助建筑中或在露天场地。

如图 1-1、图 1-2 所示为火电厂生产流程与设备。

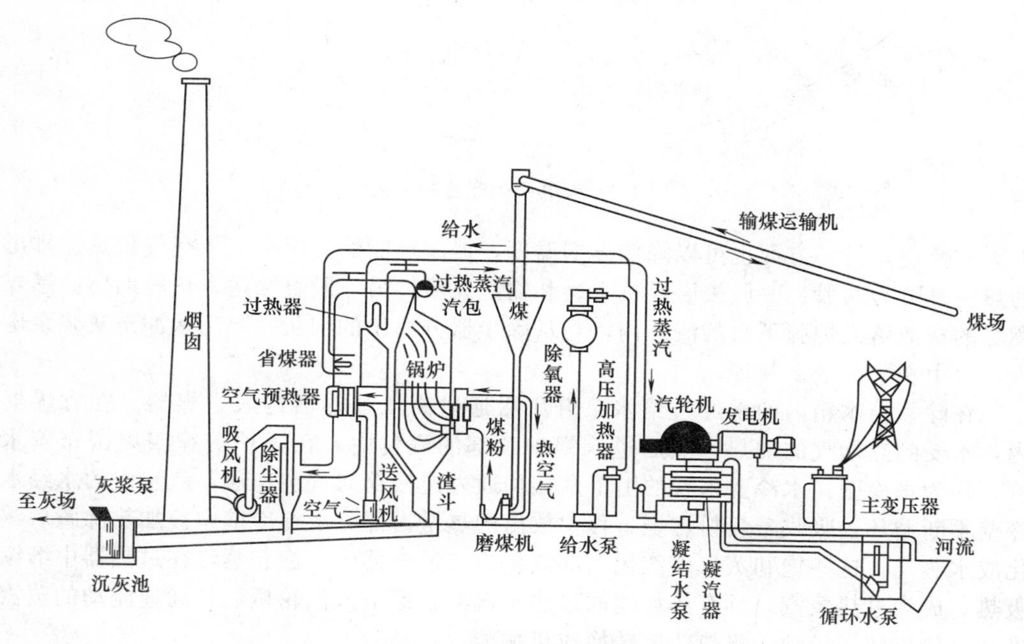

图 1-1　火电厂生产流程

1.1.2.1　燃料系统

用输煤皮带机将燃煤从煤场运至煤斗中。为提高燃煤效率，大型火电厂都是燃烧煤粉，因此，煤斗中的原煤要先送至磨煤机内磨成煤粉。磨碎的煤粉由热空气携带经排粉风机送入锅炉的炉膛内燃烧。煤粉燃烧后形成的热烟气沿锅炉的水平烟道和尾部烟道流动，放出热量，最后进入除尘器，将燃烧后的煤灰分离出来。洁净的烟气在引风机的作用下通过烟囱排入大气。助燃用的空气由送风机送入装设在尾部烟道上的空气预热器内，利用热烟气加热空气，一方面使进入锅炉的空气温度提高，易于煤粉的

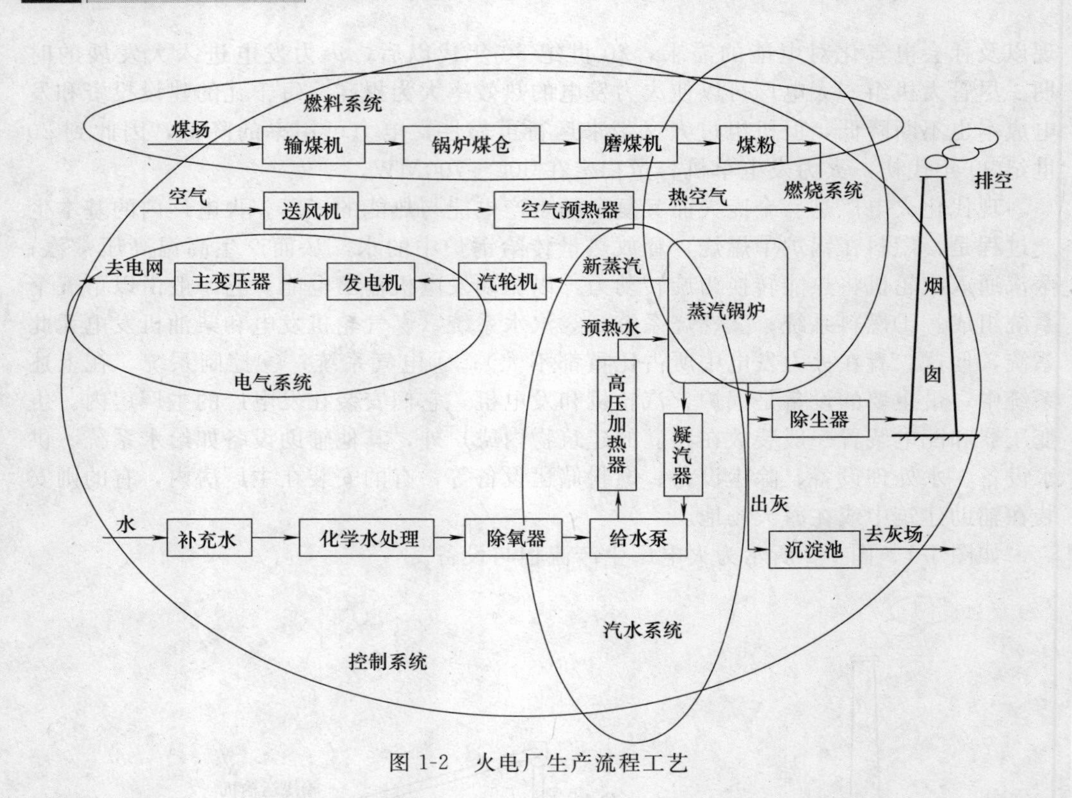

图 1-2 火电厂生产流程工艺

着火和燃烧，另一方面也可以降低排烟温度，提高热能的利用率。从空气预热器排出的热空气分为两股：一股去磨煤机干燥和输送煤粉，另一股直接送入炉膛助燃。燃煤燃尽的灰渣落入炉膛下面的渣斗内，与从除尘器分离出的细灰一起用水冲至灰浆泵房内，再由灰浆泵送至灰场。

在除氧器水箱内的水经过给水泵升压后通过高压加热器送入省煤器。在省煤器内，水受到热烟气的加热，然后进入锅炉顶部的汽包内。在锅炉炉膛四周密布着水管，称为水冷壁。水冷壁水管的上下两端均通过连接箱与汽包连通，汽包内的水经水冷壁不断循环，吸收着煤粉燃烧过程中放出的热量。部分水在冷壁中被加热沸腾后汽化成水蒸气，这些饱和蒸汽由汽包上部流出进入过热器中。饱和蒸汽在过热器中继续吸热，成为过热蒸汽。具有热势能的过热蒸汽经管道引入汽轮机后，高速流动的蒸汽推动汽轮机转子转动，将热势能转换成机械能。

火力发电厂的燃料构成取决于国家资源情况和能源政策。1987 年，火电厂发电量的 87%是煤电，其余 13%是烧油或其他燃料发出的，此后，我国火电厂的燃料主要是煤。有烟煤资源或依赖进口煤的国家，其火电厂主要燃用烟煤，因其热值高、易燃。其他煤种占较大比重的国家，有用褐煤（德国、澳大利亚），无烟煤（前苏联、西班牙、朝鲜等）的。中国燃用煤一半以上是烟煤，贫煤次之，无烟煤在 10%以下。一些国家还根据石油国际市场的情况，采用燃油和天然气发电机组。除蒸汽机组外，还有的用燃气轮机和内燃机发电机组。近 40 年里，燃气-蒸汽联合循环机组发电的火电厂得到重视。

1.1.2.2 燃烧系统

主要由送风装置，送煤（或油、天然气）装置、锅炉的燃烧室（即炉膛）、除尘、脱硫等灰渣排放装置等组成。磨好的煤粉通过空气预热器来的热风，将煤粉打至粗细分离器，粗细分离器将合格的煤粉经过排粉机送至粉仓（不合格的煤粉送回磨煤机），给粉机将煤粉打入喷燃器送到锅炉进行燃烧。而烟气经过电除尘脱出粉尘再将烟气送至脱硫装置，通过石浆喷淋脱出硫的气体经过吸风机送到烟筒排空。主要功能是完成燃料的燃烧过程，将燃料所含能量以热能形式释放出来，用于加热锅炉里的水。主要流程有烟气流程、通风流程、排灰出渣流程等。对燃烧系统的基本要求是尽量做到完全燃烧，使锅炉效率≥90％；排灰符合标准规定。

1.1.2.3 汽水系统

火力发电厂的汽水系统主要由锅炉、汽轮机、凝汽器、除氧器、水冷壁及管道系统、高低压加热器、凝结水泵和给水泵等组成，可细分为汽水循环、补给水化学水处理和水冷却系统等。其功能是利用燃料的燃烧使水成为高温高压蒸汽，并使水进行循环。对汽水系统的基本要求是汽水损失尽量少；尽可能利用抽汽加热凝结水，提高给水温度。

水在锅炉中被加热成蒸汽，经过热器进一步加热后变成过热的蒸汽，再通过主蒸汽管道进入汽轮机。由于蒸汽不断膨胀，高速流动的蒸汽推动汽轮机的叶片转动从而带动发电机。为了进一步提高其热效率，在现代大型汽轮机组中一般都从汽轮机的某些中间级后抽出做过功的部分蒸汽作回热循环，以加热给水。即把做过一段功的蒸汽从汽轮机的高压缸的出口全部抽出，送到锅炉的再热汽中加热后再引入汽轮机的中压缸继续膨胀做功，从中压缸送出的蒸汽，再送入低压缸继续做功。在蒸汽不断做功的过程中，蒸汽压力和温度不断降低，最后排入凝汽器并被冷却水冷却，凝结成水。凝结水集中在凝汽器下部由凝结水泵打至低压加热再经过除氧器除氧，给水泵将预加热除氧后的水送至高压加热器，经过加热后的热水加入锅炉，在过热器中把水已经加热到过热的蒸汽，送至汽轮机做功。由于疏通管道很多并且还要经过许多的阀门设备，因而在汽水系统中的蒸汽和凝结水难免发生跑、冒、滴、漏等现象，或多或少地造成水的损失，因此必须不断地向系统中补充经过化学处理过的软化水，这些补给水一般都是经过除氧器补入。

1.1.2.4 电气系统

主要由汽轮发电机、主变压器、配电设备、开关设备、发电机引出线、电网主结线、厂用结线、厂用变压器和电抗器、厂用电动机、保安电源、蓄电池直流系统及通信设备、照明设备等组成。其基本功能是保证按电能质量要求向电网系统或厂区负荷供电。主要流程包括供电网流程、厂用电流程。对电气系统的基本要求是供电安全、可靠；调度灵活；具有良好的调整和操作功能，保证供电质量；能迅速切除故障，避免事故扩大。

发电系统是由副励磁机、励磁盘、主励磁机（备用励磁机）、发电机、变压器、高压断路器、升压站、配电装置等组成。发电是由副励磁机（永磁机）发出高频电流，副励磁机发出的电流经过励磁盘整流，再送到主励磁机，主励磁机发出电后经过调压器以及灭磁开关经过碳刷送到发电机转子，当发电机转子通过旋转其定子线圈便感应出电流，强大的电流通过发电机出线分两路，一路送至厂用电变压器，另一路则送到 SF6 高压断路器，由 SF6 高压断路器送至电网。

1.1.2.5 控制系统

大型火电厂装有大量的仪表，用来监视这些设备的运行状况，同时还设置有自动控制装置，以便及时地对主辅设备进行调节。通过这些控制系统实现对整个生产过程的控制和自动调节，根据不同情况协调各设备的工作状况，使整个电厂的自动化水平达到新的高度。自动控制装置及系统已成为火电厂中不可缺少的部分，主要由锅炉辅机系统、汽轮机辅机系统、发电机附属的电工设备系统组成。它们的基本功能是对火电厂各个生产环节实行自动化调节和控制，协调各部分的工况，使整个火电厂安全、合理、经济地运行，降低劳动强度，提高生产率，遇有故障时能迅速、正确处理，以避免酿成事故。主要工作流程包括汽轮机的自动启动和停机、自动升速控制流程、锅炉的燃烧控制流程、灭火保护系统控制流程、热工测控流程、自动切除电气故障流程、排灰除渣自动化流程等。

火电厂的运行主要包括三个方面，即启动和停机运行、经济运行、故障与对策。火电厂运行的基本要求是保证安全性、经济性和电能的质量。保证安全运行的基本要求是：①设备制造、安装、检修的质量优良；②遵守调度指令要求，严格按照运行规程对设备的启动与停机以及负荷的调节进行操作；③监视和记录各项运行参数，以便尽早发现运行偏差和异常现象，并及时排除故障；④巡回监视运行中的设备及系统是否处于良好状态，以便及时发现故障原因，采取预防措施；⑤定期测试各项保护装置，以确保其动作准确、可靠。

就经济性而言，火电厂的运行费用主要是燃料费。因此，采用高效率的运行方式以减少燃料消耗费是非常重要的。具体措施有以下三点：①滑参数启停。滑参数启动可以缩短启动时间，具有传热效果好、带负荷早、汽水损失少等优点。滑参数停机可以使机组快速冷却，缩短检修停机时间，提高设备利用率和经济性。②加强燃料管理和设备的运行管理。定期检查设备状态、运行工况，进行各种热平衡和指标计算，以便及时采取措施减少热损失。③根据各类设备的运行性能及其相互间的协调、制约关系，维持各机组在具有最佳综合经济效益的工况下运行，在电厂负荷变动时，按照各台机组间最佳负荷分配方式进行机组出力的增、减调度。

电厂在安全、经济运行的情况下，还要保证电能的质量指标，即在负荷变化的情况下，通过调整以保持电压和频率的额定值，满足用户的要求。

火电厂内进行的能量转换是比较简单的，即燃料的化学能→蒸汽的热势能→机械能→电能。在锅炉中，燃料的化学能转换为蒸汽的热能；在汽轮机中，蒸汽的热能转换为转子旋转的机械能；在发电机中机械能转换为电能。炉、机、电是火电厂中的主要设备，亦称三大主机。与三大主机相辅工作的设备称为辅助设备或辅机。除了上述的主要系统外，火电厂还有其他一些辅助生产系统，如燃煤的输送系统、水的化学处理系统、灰浆的排放系统等。这些系统与主系统协调工作，它们相互配合完成电能的生产任务。

1.1.3 水力发电的流程与设备

水力发电是利用江河水流在高处与低处之间存在的位能进行发电。它的基本生产过程是：从河流较高处或水库内引水，利用水的压力或流速冲动水轮机旋转，将水能转换成机械能，水轮机械再带动发电机旋转，将机械能转换为电能，然后经升压变压器和送电线路，将电能送到电网或负荷中心。

世界上第一座水力发电厂是1878年由法国建成的，它位于美国威斯康星州阿普尔顿的福克斯河上，由一台水车带动两台直流发电机组成，装机容量为25kW，于1882年9月30日发电。我国三峡水电站是目前世界上规模最大的水电站，1994年正式动工兴建，2003年6月1日下午开始蓄水发电。三峡水电站大坝高程185m，蓄水高程175m，水库长600多千米，2012年7月4日最后第32台水电机组安装投产，总装机容量达到2240万千瓦。2012年7月在三峡坝区加工完成的水力发电机组（单机容量80万千瓦）则是世界上单机容量最大的水电机组。

水能是可再生能源，为水力发电修建的水库大坝可以综合利用。水力发电的特点如下。一方面：①水力发电是清洁的电力生产，不排放有害气体、烟尘和灰渣，也没有核废料；②水力发电的效率高；③水力发电的生产成本低；④水力发电与火力发电等不同，可同时完成一次能源开发和二次能源转换；⑤水轮发电机组启停灵活，输出功率增减快、可变幅度大，是电力系统理想的调峰、调频和事故备用电源。另一方面：①水力发电机组的启停、输出功率增减受河川天然径流丰枯变化的影响大；②建设较大水库的水电站时，水库淹没损失较大，移民较多，并因此而改变人们的生产生活条件，影响野生动植物的生存环境，水库调节径流改变了该区域原有的水文状况，对生态环境有一定影响；③水能资源在地理上的分布不均，建坝条件较好和水库淹没损失较少的大型水电站站址往往位于远离用电中心的偏僻地区，施工条件较困难，需要建设较长的输电线路，增加了造价和输电损失。

1.1.3.1 水力发电厂的各种建筑物

水力发电厂是由各种水工建筑物，以及发电、变电、配电等机械、电气设备组成的一个有机综合体。其中各种水工建筑物包括挡水建筑物、泄水建筑物、进水建筑物、引水建筑物、平水建筑物、厂区建筑物以及枢纽中的其他建筑物等，机电设备则安装在各种建筑物上，主要是在厂房内及其附近。

（1）挡水建筑物

挡水建筑物是拦截水流、提高水位、形成水库，以集中落差、调节流量的建筑物，如坝和闸。

（2）泄水建筑物

泄水建筑物作用主要是泄放水库容纳不了的来水，防止洪水漫过坝顶，确保水库安全运用，因而是水库中必不可少的建筑物，如溢流坝、河岸溢洪道、坝下泄水管及隧洞、引水明渠溢水道等。

（3）进水建筑物

进水建筑物是使水轮机从河流或水库取得所需的流量，如进水口。

（4）引水建筑物

引水建筑物是引水式或混合式水电站中，用来集中落差（对混合式水电站而言，则只是集中总汇落差）和输送流量的工程设施，如明渠、隧洞等。有时水轮机管道也被称为引水建筑物，但严格说来，由于它主要是输送流量的，所以与同时具有集中落差和输送流量双重作用的引水建筑物并不完全相同。有些水电站具有较长的尾水隧洞及尾水渠道，这也属于引水建筑物。

(5) 平水建筑物

平水建筑物作用是当负荷突然变化引起引水系统中流量和压力剧烈波动时，借以调整供水流量及压力，保证引水建筑物、水轮机管道的安全和水轮发电机组的稳定运行。例如，引水式或混合式水电站的引水系统中设置的平水建筑物，如压力池或高压池。

(6) 厂区建筑物

包括厂房、变电站和开关站。厂房是水电站枢纽中最重要的建筑物之一，它不同于一般的工业厂房，而是水力机械、电气设备等有机地结合在一起的特殊的水工建筑物；变电站是安装升压变压器的场所；而开关站则是安装各种高压配电装置的地方，故也称为高压配电场。

(7) 枢纽中的其他建筑物

枢纽中的其他建筑物指对于将水能转换为电能，这个生产过程没有直接作用的船闸或升船机、筏道、鱼道或鱼闸以及为灌溉或城市供水而设的取水设施等。为了综合利用水资源，它们在整个水电站枢纽中是不可分割的一部分，对枢纽的布置和运用也有重要的影响。

将水能转换成电能的生产全过程是在整个水电站枢纽中进行的，而不仅仅是在厂房中进行的。

1.1.3.2 水电发电的类型

水电厂是借助于建筑物和机电设备将水能转换为电能的企业。水电厂包括哪些建筑物以及它们之间的相互关系，主要取决于集中水头的方式。按集中水头的方式来对水电站进行分类最能反映水电厂建筑物的组成和布置特点。按集中水头的方式对水电厂进行分类，水电厂可分为坝式、引水式和混合式。

(1) 坝式水电厂

坝式水电厂的水头是由建筑的库坝抬高上游水位而形成，分为坝后式和河床式。①坝后式水电厂：厂房建在坝的后面，上游水压力由坝承受，不传到厂房上来。对于水头较高的坝式水电厂，为了不使厂房承受上游的水压力，一般常采用这种布置方式。这时厂房设在坝后，水流经由埋藏于坝体内的或绕过坝端的水轮机管道（埋藏于坝体内的常采用钢管，绕过坝端的常采用隧洞）进入厂房。②河床式水电厂　水电厂厂房代替一部分坝体作为抬高水位的建筑物，直接承受着上游水压力，它没有专门的水轮机管道，水流由上游进入厂房转动水轮机后泄回下游。这类水电厂水头较低，一般不超过 30m。

(2) 引水式水电厂

引水式水电厂的水头由引水道形成。这类水电厂在平面布置上的特点是具有较长的引水道，水电厂建筑物比较分散。

(3) 混合式水电厂

混合式水电厂的水头一部分由坝集中，一部分由引水道集中。这类水电厂的建筑物组成和布置除其中的坝以具有一定的高度为其特点外，其余与引水式水电厂大体相似。

按水电厂运行方式可以分为无调节水电厂、有调节水电厂和抽水蓄能电站等类型。其中抽水蓄能电站在现代水电厂建设发展中特别受关注，它的运行方式主要取决于电力系统的负荷情况。

对电网或用户用电情况进行统计分析可知，在每天的不同时段或一年中的不同季节里，对电力的消耗都是很不均匀的。抽水蓄能电站的作用，就是在电网系统供电负荷低时利用其他电站多生产的电能，通过抽水机组把水提送到高处，即把这些多余电能转换为水能的形式储蓄起来，待到电力系统高负荷时，再把高处的水通过水轮发电机组放下来发电，使储蓄起来的水能重新转换为电能。所以建造抽水蓄能电站并不是为了水能资源的开发，而是达到储蓄和调节电能的目的。

在水电比重很小或者水电站比重很大的电力系统中，建造抽水蓄能电站具有重要意义，它可使电力系统的其他电厂在全天和全年过程中承担比较均匀的负荷，提高设备利用率和降低火电厂的单位煤耗量，改善供电质量。以往抽水蓄能电站要安装用于抽水和用于发电的两套机组设备，修建具有高、低水位的两个水库。由于能量转换经历了电能到水能再到电能的往复过程，损失增大，所以建设投资和能量损失都比一般水电站大。但是由于这种电站能提高整个电力系统的运行效益，同时它可以建在系统用电中心附近，既省输电线路又适宜灵活供电，因此最近国内外都很重视抽水蓄能电站的建设。由于机电设备制造水平的提高，近年已成功地制造出既可抽水又能发电的可逆式两用机组，因而不必分别设置用于抽水和用于发电的两套机组，从而节约了设备投资和提高了机组效率。

坝后式和混合式水电站一般都是有调节的；河床式水电站和引水式水电站则较多是无调节的。

另外，利用海潮涨落所形成的潮汐能发电也属于水力发电的范畴，本书不做细述。

1.1.3.3 水力发电的基本流程

具有水头的水力经压力管道或压力隧洞（或直接进入水轮机）进入水轮机转轮流道，水轮机转轮在水力作用下旋转（水能转换为机械能），同时带动同轴的发电机旋转，发电机定子绕组切割转子绕组产生的磁场磁力线（根据电磁感应定理，发出电来，完成机械能到电能的转换），发出来的电经升降压变压器后与电力系统联网。

水力发电的生产过程如图 1-3、图 1-4 所示。

1.1.3.4 水轮发电机组及辅助设备简介

（1）水轮机

水轮机是将水能转换为机械能的水力机械，利用水轮机带动发电机将旋转机械能转换为电能的设备，又称为水能发电机组。按水流能量转换特征，可将水轮机分为反击式和冲击式。

反击式水轮机的转轮在工作过程中全部浸在水中，压力水流流经转轮叶片时，受叶片的作用而改变压力、流速的大小和方向，同时水流对转轮产生反作用力，形成旋转力矩使转轮转动。反击式水轮机按水流流经转轮的方向不同，分为混流式、轴流式、斜流式和贯流式四种类型。

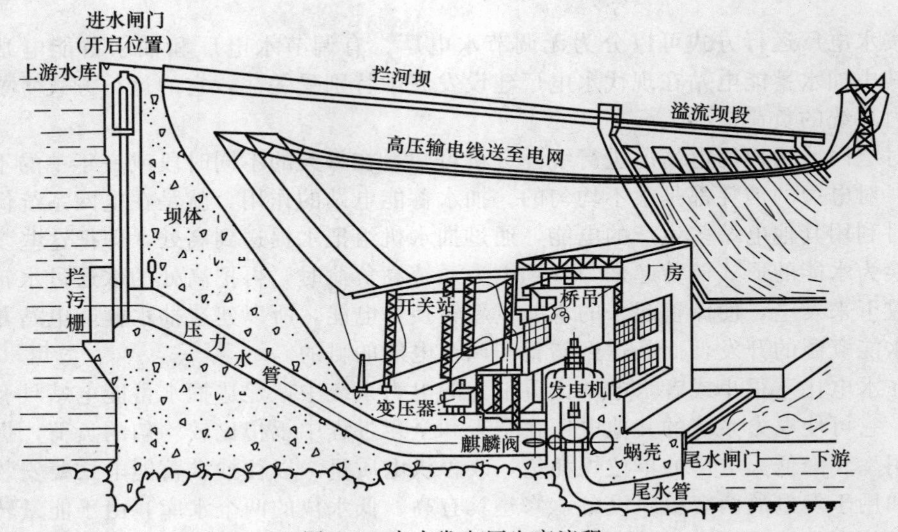

图 1-3　水力发电厂生产流程

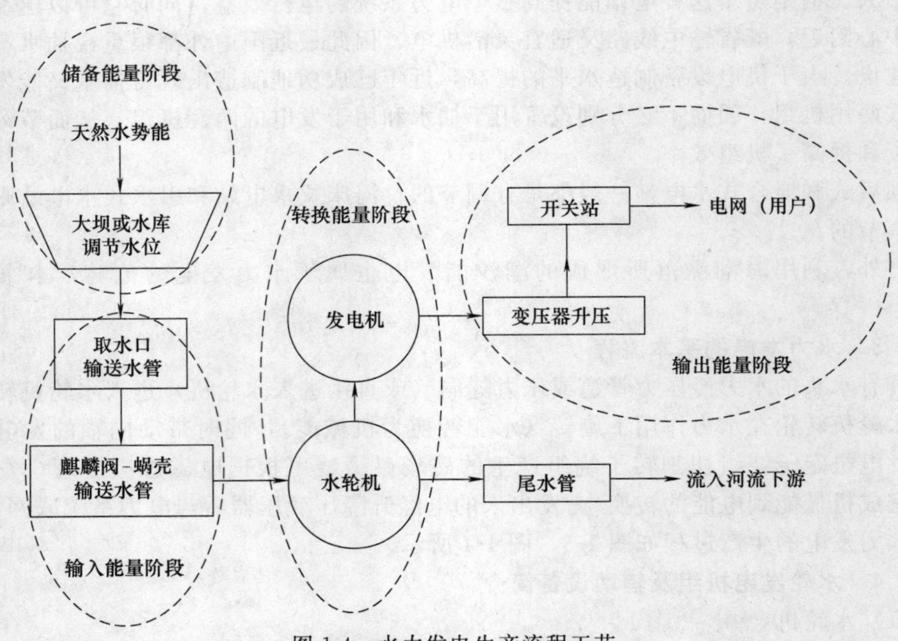

图 1-4　水力发电生产流程工艺

冲击式水轮机的特征是：有压水流从喷嘴射出后全部转换为动能冲击转轮旋转，在同一时间水流只冲击部分斗叶而不充满全部流道，转轮在大气压下工作。常用的冲击式水轮机有切击式（水斗式）和斜击式两种。

（2）发电机

发电机分为汽轮发电机（用于热能发电）和水轮发电机。水轮发电机是水电站最重要的两大主机设备之一，它的作用是把机械能转换为电能。

水轮发电机一般由转子、定子、上机架、下机架、推力轴承、导轴承、空气冷却器、励磁机和永磁机等主要部件组成。其中转子和定子是产生电磁作用的主要部件，其他部件仅起到支持和辅助作用。转子由主轴、转子支架、磁轭（轮环）和磁极等部件组成；定子由机座、铁芯和绕组等部件组成。由于水电站的水头有限，水压力小，故转速不可能很高，一般在 100～1000r/min 之间。水轮发电机与汽轮发电机相比，转速较低，要获得 50Hz 频率的电能，水轮发电机转子的磁极也较多。同时，为了避免产生几倍于正常水压的水击现象而要求导叶的关闭时间比较长，但又要防止机组转速上长过高，因此要求转子具有较大的重量和结构尺寸，使之有较大的惯性。

此外，为了减少占地面积，降低厂房造价，大中型水轮发电机一般采用立轴式。总之，水轮发电机的特点是转速低、磁极多、转子为凸极式，结构尺寸和重量都较大。

（3）调速器

为了满足国民经济各部门对使用电能时对于供电可靠性和电能质量（频率和电压）的要求，在水电厂的生产设备中都要配置水轮机调速器。调速器的主要作用是调节发电机频率和有功负荷。具体地说，水轮机调节器的任务就是根据电网负荷的变化，不断地调节水轮发电机组有功功率的输出，维持机组转速或频率在规定范围内。根据水轮机类型的不同，水轮机调速器有单调和双调两种类型。①混流式、轴流定桨式和贯流定桨式都是靠导水机构调节进入水轮机的流量，为单调。②转桨式、斜流式机组，除有调节流量的导水机构外，还有按导叶开度和水头变化而改变转轮叶片转角的调节机构，可使水轮按最优效率运行。有两套调节机构，为双调。另外，冲击式的流量调节不是采用导叶式，而是利用喷嘴和喷针相对位置的改变，以调节冲向水轮机转轮射流的大小。为了防止高水头、长管道在调节时引起的管道水锤，喷针的关闭速度不能太快，为此在喷嘴出口处装有可改变射流方向的折向器，当线路或设备发生故障，发电机需甩掉部分和全部负荷而要快速调节流量时，折向器可快速改变射流方向，从而使冲射到轮上的射流减小，喷嘴内的喷针便按规定的速度移到相应的位置，避免产生过大水锤压力，这类水轮机也有两套调节机构，为双调。

1.1.4　风力发电的流程与设备

风力发电是用风轮机将风能转换成旋转能，再由发电机转换成电能的。典型的风力发电系统是由风能资源、风力发电机组、控制装置、蓄能装置、备用电源及电能用户组成。风力发电机组是实现由风能到电能转换的关键设备。由于风能是随机性的，风力的大小时刻变化，必须根据风力大小及电能需要量的变化及时通过控制装置来实现对风力发电机组的启动，调节（转速、电压、频率），停机，故障保护（超速、振动、过负荷等）以及对电能用户所接负荷的接通、调整及断开等。

人们对于利用风力发电的尝试始于 20 世纪初。最早的小型风力发电机，广泛在多风的海岛和偏僻的乡村使用，它所获得的电力成本比小型内燃机的发电成本低得多。但是，当时的发电量都很低，大多在 5kW 以下。美国于 1979 年上半年建在北卡罗来纳州蓝岭山的发电用的风车是现今世界上最大的，它有十层楼高，风车的钢叶片（直径 60m）安装在一个塔型建筑物上，它可从任何一个方向获得风力而自由转动，如果风力时速在 38 千米以上时，其发电能力可达 2000kW。

风力发电所需要的装置，称作风力发电机组。这种风力发电机组，大体上可分风轮、发电机和铁塔三部分。为保持风轮始终对准风向以获得最大的功率，还需在风轮的后面装一个类似风向标的尾舵，但大型风力发电站的风轮上通常没有尾舵，只有小型的（包括家用型）才会拥有尾舵。其原理如图 1-5 所示。

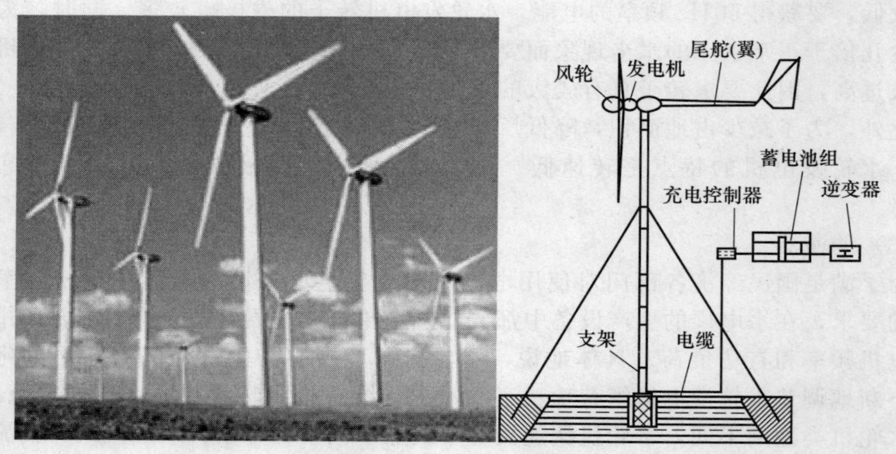

图 1-5 风力发电原理

1.1.4.1 风轮

风轮是把风的动能转换为机械能的重要部件，它由两只（或更多只）螺旋桨形的叶轮组成。当风吹向桨叶时，桨叶上产生气动力驱动风轮转动。桨叶的材料要求强度高、重量轻，目前多用玻璃钢或其他复合材料（如碳纤维）来制造。由于风轮的转速比较低，而且风力的大小和方向经常变化着，这使转速不稳定，所以在带动发电机之前，还必须附加一个把转速提高到发电机额定转速的齿轮变速箱，再加一个调速机构使转速保持稳定，然后再连接到发电机上。

（1）达里厄式风轮

达里厄式风轮是法国科学家达里厄于 19 世纪 30 年代发明的。在 20 世纪 70 年代，加拿大国家科学研究院对此进行了大量的研究，现在是水平轴风力发电机的主要竞争者。达里厄式风轮是一种升力装置，弯曲叶片的剖面是翼型，它的启动力矩低，但尖速比可以很高，对于给定的风轮重量和成本，有较高的功率输出。现在有多种达里厄式风力发电机，如 Φ 型，Δ 型，Y 型和 H 型等。这些风轮可以设计成单叶片、双叶片、三叶片或者多叶片。

（2）马格努斯效应风轮

马格努斯效应风轮由自旋的圆柱体组成，当它在气流中工作时，产生的移动力是由于马格努斯效应引起的，其大小与风速成正比。有的垂直轴风轮使用管道或者漩涡发生器塔，通过套管或者扩压器使水平气流转换成垂直气流，以增加速度，偶尔还利用太阳能或者燃烧某种燃料，使水平气流转换成垂直气流。

（3）径流双轮效应风轮

径流双轮效应（或称为双轮效应）是一种新型风能转化方式。首先它是一种双轮结构，相对于水平轴流式风机，它是径流式的，与立轴式风机一样都是沿长轴设置桨叶的，直接利用风的推力旋转工作的。单轮立轴风轮因轴两侧桨叶同时接受风力而转矩相反，相互抵消，输出力矩不大。在设计上双轮结构并靠近安装，同步运转，将原来的立轴力矩输出对桨叶流体力学形状的依赖，进而改变为双轮间的利用转动产生涡流力的利用，两轮相互借力，相互推动；对吹向两轮间的逆向风流可以互相遮挡，进而又依次轮流将其分拨于两轮的外侧，使两轮外侧获得有叠加的风流。因此，双轮的外缘线速度可以高于风速，双轮结构的这种互相助力，主动利用风力的特点产生了“双轮效应”。

1.1.4.2　发电机

发电机的作用是把由风轮得到的恒定转速，通过升速传递使发电机均匀运转，从而把机械能转换为电能。风力发电机由机头、转体、尾翼、叶片组成，它们的功能分别是：叶片用来接受风力并通过机头转为电能；尾翼使叶片始终对着来风的方向从而获得最大的风能；转体能使机头灵活地转动以实现尾翼调整方向的功能；机头的转子是永磁体，定子绕组切割磁力线产生电能。

（1）水平轴风力发电机

水平轴风力发电机可分为升力型和阻力型两类。升力型风力发电机旋转速度快，阻力型旋转速度慢。对于风力发电，多采用升力型水平轴风力发电机。大多数水平轴风力发电机具有对风装置，能随风向改变而转动。对于小型风力发电机，这种对风装置采用尾舵，而对于大型的风力发电机，则利用风向传感元件以及伺服电机组成的传动机构。

风力机的风轮在塔架前面的称为上风向风力机，风轮在塔架后面的则称为下风向风机。水平轴风力发电机的式样很多，有的具有反转叶片的风轮，有的在一个塔架上安装多个风轮，以便在输出功率一定的条件下减少塔架的成本，还有的水平轴风力发电机在风轮周围产生漩涡，集中气流，增加气流速度。

（2）垂直轴风力发电机

垂直轴风力发电机在风向改变的时候无需对风，在这一点相对于水平轴风力发电机是一大优势，它不仅使结构设计简化，而且也减少了风轮对风时的陀螺力。

利用阻力旋转的垂直轴风力发电机有几种类型，其中有利用平板和被子做成的风轮，这是一种纯阻力装置；S型风车，具有部分升力，但主要还是阻力装置。这些装置有较大的启动力矩，但尖速比低，在风轮尺寸、重量和成本一定的情况下，提供的功率输出低。

（3）双馈型发电机

随着电力电子技术的发展，双馈型感应发电机在风能发电中的应用越来越广。这种技术不过分依赖于蓄电池的容量，而是从励磁系统入手，对励磁电流加以适当的控制，从而达到输出一个恒频电能的目的。双馈感应发电机在结构上类似于异步发电机，但在励磁上双馈发电机采用交流励磁。大家知道一个脉振磁势可以分解为两个方向相反的旋转磁势，而三相绕组的适当安排可以使其中一个磁势的效果消去，这样就得到一个在空间旋转的磁势，这就相当于同步发电机中带有直流励磁的转子。双馈发电机的优势就在于，交流励磁的频率是可调的，也就是说旋转励磁磁动势的频率可调。当原动机的转速不定时，适当调节励磁电流的频率，就可以满足输出恒频电能的目的。由于电力电子元器件的容量越来越大，所以双馈发电机组的励磁系统调节能力也越来越强，这使得双馈机的单机容量得以提高。

相比有些单轮式结构风机中采用外加的遮挡法、活动式变桨矩等被动式减少叶轮回转复位阻力的设计，体现了积极利用风力的特点。因此这一发明不仅具有实用作用，促进风力利用的研究和发展，而且具有新的流体力学方面的意义。它开辟了风能发展的新空间，是一项带有基础性质的发明。这种双轮风机具有的设计简捷，易于制造加工，转数较低，重心下降，安全性好，运行成本低，维护容易，无噪声污染等明显特点，可以广泛普及推广。

1.1.4.3 铁塔支架

铁塔是支承风轮、尾舵和发电机的构架。它一般修建得比较高，为的是获得较大的和较均匀的风力，又要有足够的强度。铁塔高度视地面障碍物对风速影响的情况，以及风轮的直径大小而定，一般在 6～20m 范围内。

鉴于风力及其大小的随机性和不稳定性，实际的风力发电机组往往与太阳能发电机组同点建设和并联使用。

1.1.5 核能发电的流程与设备

利用核裂变所释放出的热能进行发电的方式与火力发电极其相似，即以核反应堆和蒸汽发生器来代替火力发电的锅炉，以核裂变能代替燃料的化学能。1954 年，苏联在奥布宁斯克建成了世界上第一座装机容量为 5MW 的核电站。

在核电行业中更多的是按照冷却剂和慢化剂进行分类。轻水堆、重水堆、石墨堆是工业上成熟的主要类型。轻水反应堆是目前技术最成熟、应用最广泛的堆型，其优点是体积小，结构和运行都比较简单，功率密度高，单堆功率大，造价低廉，建造周期短和安全可靠。它的缺点是轻水吸引中子的概率比重水和石墨大，仅用天然铀（天然铀浓度非常小）无法维持链式反应，需要将天然铀浓缩。轻水堆（也叫沸水堆、压水堆）是第一回路的冷却剂通过堆心时被加热变成 70atm（约为 7.07×10^6Pa）左右的饱和蒸汽，经汽水分离并干燥后直接推动汽轮发电机。其他类型的核反应堆则是在第一回路中冷却剂通过堆心时加热，在蒸汽发生器中将热量传给第二回路或第三回路的水，然后形成蒸汽推动汽轮发电机。

核电站的优势其一是消耗小由于核燃料的运输量小，因此核电站可以建在耗能相对集中的工业区附近。核电站的基本建设投资一般是同等火电站的一倍半到两倍，但它的燃料费用却要比煤便宜得多，运行维修费用也比火电站少，如果掌握了核聚变反应技术，使用海水作燃料，则更是取之不尽，用之方便。其二是污染少。火电站不断地向大气里排放二氧化硫和氧化氮等有害物质，同时煤里的少量铀、钛和镭等放射性物质，也会随着烟尘飘落到火电站的周围，污染环境。核电站设置了层层屏障，基本上不排放污染环境的物质，即使是放射性污染，也比烧煤的电站少得多，核电站正常运行的时候，一年给附近居民带来的放射性影响还不到一次 X 光透视所接受的剂量。其三是安全性强。从第一座核电站建成以来，全世界投入运行的核电站达 400 多座，30 多年来基本上是安全正常的。虽然发生过 1979 年美国三里岛压水堆核电站事故和

1986 年苏联切尔诺贝利石墨沸水堆核电站事故，但这两次事故都是由于人为因素造成的，不是核电站所固有的，不可避免的。

1.1.5.1 轻水堆核能发电的生产过程

轻水堆核能发电的工作原理是反应堆冷却剂流过反应堆堆芯吸收核裂变产生的热能，沿管路进入蒸汽发生器的 U 形管内，将热量传递给 U 形管外侧的二回路水，使其变为饱和蒸汽。被冷却的冷却剂再由主泵送回反应堆，完成冷却剂的闭式循环。蒸汽发生器二次侧产生的蒸汽推动汽轮发电机组发电，做完功后的乏汽排入主凝汽器，被循环水冷凝成凝结水，由凝水泵和给水泵打回蒸汽发生器，完成汽轮机工质的闭式循环。压水堆核电厂主要由核岛、常规岛和电厂配套设施组成。核岛是压水堆核电厂的核心，其作用是生产核蒸汽。它包括反应堆厂房（安全壳）和反应堆辅助厂房以及设置在它们内部的系统、设备。核岛的系统、设备主要有压水堆本体、一次冷却剂系统（通常又称为反应堆冷却剂系统或第一回路、主系统）以及为支持一次冷却剂系统正常运行和保证反应堆安全而设置的辅助系统。常规岛主要包括核汽轮发电机组及其厂房和设置在厂房内的二回路系统及设施，其内容与常规火电厂类似。核电厂中除核岛和常规岛外的其他建筑物和构筑物以及系统称为电厂配套设施。如图 1-6 所示为轻水堆核电厂发电流程。

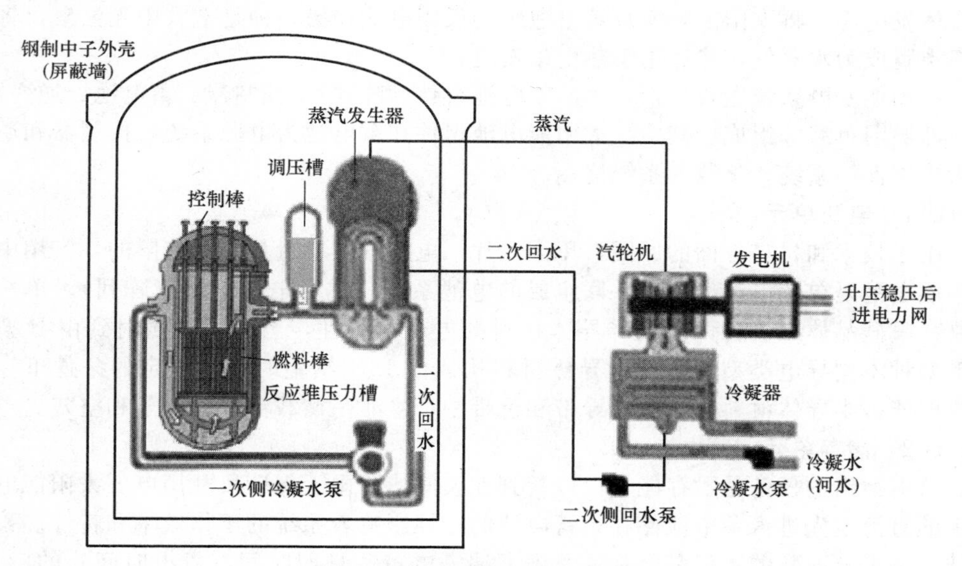

图 1-6 轻水堆核电厂发电流程

我国已建成的秦山一期、秦山二期、大亚湾、岭澳核电厂以及在建的田湾核电厂，均为轻水堆核电厂。

1.1.5.2 重水堆核能发电的生产过程

重水堆核电厂是以重水堆为动力源的核电厂。重水堆是以重水作慢化剂的反应堆，重水的中子吸收截面小，慢化性能好，中子利用率高，故可以直接利用天然铀作核燃料。重水堆可以用重水作冷却剂（分为压力容器式或压力管式）或轻水作冷却剂（如日本的普贤核电厂）。世界上广泛应用的重水堆核电厂是加拿大开发和生产的

CANDU（Canadian deuterium-uranium reactor）型重水堆核电厂，它是以重水作慢化剂和冷却剂，并以压力管代替压力容器，称为压力管式重水堆。CANDU 型核电机组的反应堆为水平压力管式，有两个热传输环路，每个环路有两台热传输泵和两台蒸汽发生器。反应堆的两侧（A 侧和 C 侧）各安装一台热传输泵和一台蒸汽发生器。我国已建成的秦山三期核电厂即为 CANDU-6 型重水堆核电厂。

1.1.6 太阳能发电的流程与设备

太阳能是来自地球外部天体的能源，是太阳中的氢原子核在超高温时聚变释放的能量。散发在地球上的太阳能是非常巨大的，大约 40 分钟照射在地球上的太阳能足以供全球人类一年能量的消费。人类所消耗能量的绝大部分都直接或间接地来自太阳，如煤炭、石油、天然气等化石燃料都是因为各种植物通过光合作用把太阳能转换成化学能在植物体内储存下来，再经过埋在地下漫长的地质年代形成的。此外，水能、风能、海洋波浪能等也都是由太阳能转换来的。因此，太阳能是一种越来越受到人们青睐的可再生能源。

目前人们对太阳能的直接利用有两种形式：一种是用硅光电转换板（或半导体/金属材料的温差发电，真空器件中的热电子和热电离子发电，碱金属热电转换，以及磁流体发电等）将太阳能转换成蓄电池组的低压电能；另一种是把太阳光汇聚，将水烧至沸腾成为水蒸气，然后用于热电站发电。

太阳能发电系统主要包括：太阳能电池组件（阵列）、控制器、蓄电池、逆变器、用户即照明负载等组成。其中，太阳能电池组件和蓄电池为电源系统，控制器和逆变器为控制保护系统，负载为系统终端。

1.1.6.1 电池单元

由于技术和材料方面的原因，单个（片）电池的发电量是十分有限的，实用中的太阳能电池是单片电池经串、并联组成的电池系统，称为电池组件（阵列）。单一电池是一只硅晶体二极管，根据半导体材料的电子学特性，当太阳光照射到由 P 型和 N 型两种不同导电类型的同质半导体材料构成的 P-N 结上时，在一定的条件下，太阳辐射能被半导体材料吸收，在导带和价带中产生非平衡载流子即电子和空穴。

1.1.6.2 储存单元（蓄电池组）

蓄电池组的任务是贮存能量，以留到在夜间或阴雨天保证负载用电。太阳能电池产生的直流电先进入蓄电池储存，蓄电池的特性影响着系统的工作效率和特性。蓄电池技术是十分成熟的，但其容量要受到末端需电量和日照时间（发电时间）的影响。因此蓄电池瓦时容量或安时容量由预定的连续无日照时间决定。

1.1.6.3 控制器

太阳能发电控制器（光伏控制器和阳光互补控制器）对所发的电能进行调节和控制，一方面把调整后的能量送往直流负载或交流负载，另一方面把多余的能量送往蓄电池组储存，当所发的电不能满足负载需要时，控制器又把蓄电池的电能送往负载。蓄电池充满电后，控制器要控制蓄电池不被过充。当蓄电池所储存的电能放完时，控制器要控制蓄电池不被过放电，保护蓄电池。控制器的主要功能是使太阳能发电系统始终处于发电的最大功率点附近，以获得最高效率。充电控制通常采用脉冲宽度调制技术即 PWM（Pulse Width Modulation）控制方式，使整个系统始终运行于最大功率点 P_{max} 附近区域。放电控制主要是指当电池缺电、系统故障时转换到电池开路或接反时切断开关。

1.1.6.4　逆变器（一体化电源）

逆变器负责把直流电转换为交流电，供交流负荷使用。逆变器也是光伏/风力发电系统的核心部件。按激励方式的不同，逆变器可分为自励式振荡逆变和他励式振荡逆变。通过全桥电路采用 SPWM（Sinusoidal Pulse Width Modulation，正弦脉宽调制）处理器经过调制、滤波、升压等，得到与照明负载频率 f，额定电压 U_N 等匹配的正弦交流电供系统终端用户使用。

太阳能发电系统流程如图 1-7 所示。

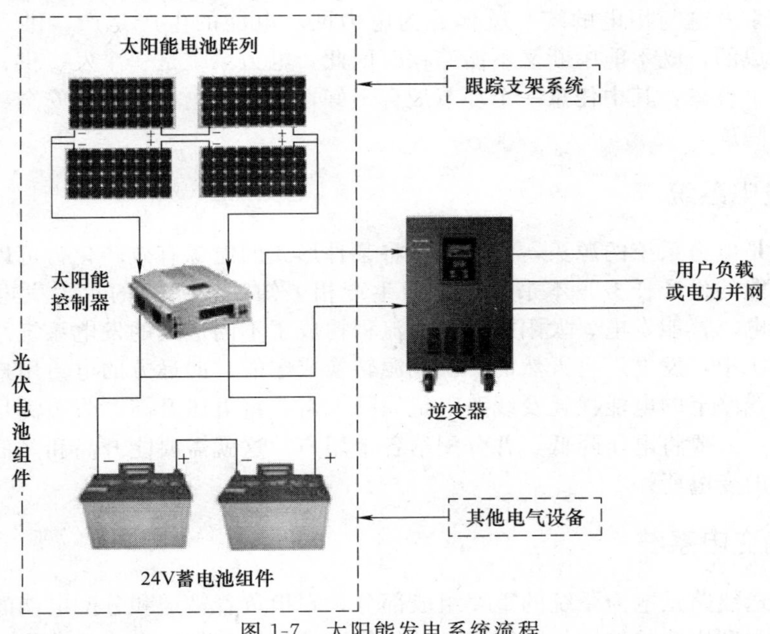

图 1-7　太阳能发电系统流程

1.2　电力的传输与使用

1.2.1　我国电力网的构成

世界上大部分国家的动力资源和电力负荷中心分布是不一致的。如水力资源都是集中在江河流域水位落差较大的地方，燃料资源集中在煤、石油、天然气的矿区。而大电力负荷中心则集中在工业区和大城市，因此，发电厂与负荷中心往往相距很远，从而需要进行电能的输送。水电只能通过高压输电线路把电能送到用户才能得到充分利用，火电厂虽能通过规划在用电地区建设电厂，免除电力的远距离输送，但随着机组容量的扩大，输送燃料肯定不如输送电力经济，于是就出现了所谓坑口电厂。随着高压输电技术的升级和完善，在地理位置上相隔一定距离的发电厂为了安全、经济、可靠供电，需将孤立运行的发电厂用电力线路连接起来。首先在一个地区内互相连接，再发展到地区和地区之间互相连接，这就组成了统一的电力系统。电力系统由发电设施、变电设施、开闭设施以及输电、配电系统组成，并设置了保证这些设施安全运行的二次保护、智能控制、监测、远动、通信等辅助系统。

国家电力网是电力系统的一部分，由发电厂、变电所和各种电压线路组成。以变换电压（变电）输送和分配电能为主要功能，是协调电力生产、输送、分配和消费的重要基础设施，是连接各发电厂、变电站及电力用户的输、变、配电线路组成的整体系统。由发电、变电、输电、配电、用电设备及相应的辅助系统组成的电能生产、输送、分配、使用的统一整体称为电力系统。由输电、变电、配电设备及相应的辅助系统组成的联系发电与用电的统一整体称为电力网。电能的生产是产、供、销同时发生，同时完成的，既不能中断又不能储存。因此，电力系统是一个发、供、用三者联合组成的一个整体，其中任意一个环节配合不好，都会给电力系统的安全、经济的平衡运行带来隐患。

1.2.2 发电系统

发电厂是电力系统的源头，它承担着将某种形式的能源有效转化为可以借助于导线传输的电能的生产任务。本书1.1电力生产相关知识中所述的火力发电、水力发电、风力发电、核能发电、太阳能发电等流程构成了不同形式的发电系统。

电力系统中，发电厂将天然的一次能源转换成电能，向远方的电力用户送电。为了减小输电线路上的电能损耗及线路阻抗压降，需要将电压升高；为了满足电力用户安全的需要，又要将电压降低，并分配给各个用户，这就需要能升高和降低电压，并能分配电能的变电所。

1.2.3 输变电系统

电力输送线路是电力系统的重要组成部分，它担负着输送和分配电能的任务，使电能的开发和利用超越地域的限制。与其他能源的传输（如输煤、输油等）相比，输电的损耗小、效益高、灵活方便、易于调控、环境污染少；输电线路还可以将不同地点的发电厂连接起来，实行峰谷调节。由发电厂向电力负荷中心输送电能的线路，称为输电线路或送电线路。输电线路按结构形式可分为架空输电线路和地下输电线路。前者由线路杆塔、导线、绝缘子等构成，架设在地面上；后者主要通过电缆，敷设在地下（或水下）输送。送电线路的电压较高，一般在110kV及以上。主要担任分配电能任务的线路，称为配电线路，配电电压较低，一般在35kV及以下。

变电所是电力系统中通过其变换电压、接受和分配电能的电工装置，它是联系发电厂和电力用户的中间环节，同时通过变电所将各电压等级的电网联系起来，它由电力变压器、配电装置、二次系统及必要的附属设备组成。

为了研究运行和结算方便，通常将电力网分为地方电网和区域电网。电压在110kV及以上、供电范围较广、输电功率较大的电力网，称为区域电力网。电压在110kV以下、供电距离较短、输电功率较小的电力网，称为地方电力网。根据电压等级的高低，电力网还可分为低压（1kV以下）、高压（1～220kV）、超高压（330kV及以上）等几种。根据电力网的结构方式，可分为开式电力网和闭式电力网。凡用户只能从单方向得到电能的电力网，称为开式电力网；用户至少可以从两个或更多方向同时能得到电能的电力网，称为闭式电力网。

1.2.4 配电系统

习惯上将电力系统中从降压配电变电站（高压配电变电站）出口到用户端的这一段称为配电系统，它是由多种配电设备（或元件）和配电设施所组成的变换电压和直接向终端用户分配电能的一个电力网络系统。在我国，根据《城市电网规划设计导则》的规定，配电系统可划分为高压配电系统、中压配电系统和低压配电系统三部分。电压在6～10kV的配电网称为中压配电网（也包括城市电网中35kV的配电网）。电压为380V/220V的配电网称为低压配电网。

由于配电系统是电力系统的最后一个环节，直接面向终端用户，它的完善与否直接关系着广大用户的用电可靠性和用电质量，因而在电力系统中具有重要的地位。

配电装置是变电所中所有的开关电器、载流导体辅助设备连接在一起的装置，其作用是接受和分配电能。配电装置主要由母线、高压断路器开关、电抗器线圈、互感器、电力电容器、避雷器、高压熔断器、二次设备及必要的其他辅助设备组成。

二次设备是指一次系统状态测量、控制、监察和保护的设备装置。由这些设备构成的回路叫二次回路，总称二次系统。二次系统的设备包含测量装置、控制装置、继电保护装置、自动控制装置、直流系统及必要的附属设备。

电力变压器是输配电系统中极其重要的电器设备，容量比、电压比和温升稳定性是变压器运行技术指标中最重要的三个参数。

根据运行维护管理规定，变压器必须定期进行检查，以便及时了解和掌握变压器的运行情况，力争把故障消除在萌芽状态。变压器的安全运行管理是配电系统日常工作的重点，通过对变压器的异常运行情况、常见故障分析的经验总结，将有利于及时、准确判断故障原因、性质，及时采取有效措施，确保设备的安全运行。

1.2.5 电力的使用

电能是指电以各种形式做功（即产生能量）的能力。电能被广泛应用在动力、照明、冶金、化学、纺织、通信、广播等领域，是科学技术发展、国民经济飞跃的主要动力。电能的利用是第二次工业革命的主要标志，从此人类社会进入电气时代。

电能是表示电流做多少功的物理量，是指电以各种形式做功的能力，又可分为直流电能、交流电能，这两种电能可以相互转换。电能也可转换成其他所需的能量形式，如热能、光能、动能等。

1.3 我国电力生产概况与发展趋势

电力是现代经济发展的动力，为国民经济各个行业发展提供能源供给与动力支持，电力行业与宏观经济保持着较高的相关性，电力生产增长率和电力消费增长率跟随GDP增长率的变化而变化。2013年，全国全口径发电量为53474亿千瓦时，同比增长7.52%，比上年提高2.11个百分点；从电力需求情况看，2013年，全国全社会用电量为53223亿千瓦时，同比增长7.49%，比上年提高1.89个百分点，电力供需总体基本平衡。2001～2013年间，全国电力需求保持了11.22%的年均增长率。截至2013年底，全国共有122家电力施工企业，其中水电34家，火电54家，送变电34家。从业人员总数为35.03万人，其中水电为14.73万人；火电为13.10万人；送变电为7.19万人。

1.3.1 我国经济与电力发展情况

改革开放以来，我国国民经济持续高速发展，经济总量不断跃上新台阶。1980年至2012年间，我国GDP年均增长约为10.0%。2012年全国GDP总量达到519322亿元，同比增长7.8%，是1980年的20.9倍，1990年的8.6倍，完成了比2000年翻一番的既定目标。目前我国国内生产总值已经跃居全世界第二。伴随着经济的高速发展，我国的电力需求也迅速增长。2012年我国全社会用电量达到49591亿千瓦时，同比增长5.5%。1980～2012年间，我国全社会用电量增长16.8倍，年均增长9.2%。

截至2012年底，我国发电装机容量达到114491万千瓦，同比增长7.8%。其中，常规水电为22859万千瓦，占总容量的20.0%；抽水蓄能为2031万千瓦，占总容量的1.8%；煤电为75811万千瓦，占总容量的66.2%；气电为3827万千瓦，占总容量的3.3%；核电为1257万千瓦，占总容量的1.1%；风电为6083万千瓦，占总容量的5.3%；太阳能为328万千瓦，占总容量的0.3%。

2012年，我国人均用电量达到3662千瓦时/人，人均GDP约6078美元/人（当年价）。以美国经济学家H·钱纳里的经济发展阶段标准判断，目前我国正处于工业化的高级阶段。

观察世界主要发达国家经历工业化中、高级阶段的历程，人均用电量从1800千瓦时/人增长至4000千瓦时/人，美国、日本、德国、英国在20世纪中叶分别用了10～13年的时间。而我国自2005年人均用电量达到1900千瓦时/人后，仅用7年时间，于2012年就达到了3662千瓦时/人，用电增速及GDP增速均高于世界主要发达国家。我国的经济社会发展速度令世界为之侧目，后发优势非常明显。

在全国电力系统全体职工的努力下，2013年电力建设行业改革力度进一步加大，不断推动管理创新，在多个领域实现全新突破。

1.3.1.1 发电装机容量跃居世界首位

截至2013年年底，全国发电装机容量突破12亿千瓦，达到12.47亿千瓦，同比增长9.25%，超过美国，跃居世界第一位。其中，水电为2.8亿千瓦（含抽水蓄能2151万千瓦），占全部装机容量的22.45%；火电为8.62亿千瓦（含煤电7.86亿千瓦、气电0.43亿千瓦），占全部装机容量的69.13%，首次降低至70%以下；核电为1461万千瓦；并网风电为7548万千瓦；并网太阳能发电为1479万千瓦；生物质发电为850万千瓦。非化石能源发电占总装机容量升至30.9%。

2013 年，全国电源建设新增发电装机容量为 9400 万千瓦。其中，水电新增 2993 万千瓦，火电新增 3650 万千瓦，核电新增 221 万千瓦，并网风电新增 1406 万千瓦，并网太阳能发电新增 1130 万千瓦。

1.3.1.2 清洁、绿色能源的地位日益凸显

2013 年，伴随着国家一系列产业政策的出台，以核电、光伏、风电为代表的新能源行业前行步伐加快，日趋成熟的新能源产业将成为中国经济转型期的强劲推动力。2013 年，我国水电建设迅猛的发展势头使水电投产机组进入收获期，成为投产机组容量最多的一年，达到 3000 万千瓦。至此，清洁能源占比首次突破 30%。

与此同时，我国核电国产化率不断提高，先进技术不断得到应用，通过红沿河、三门、海阳、福清、宁德等核电项目的实践，以核电为代表的清洁能源将迎来快速发展阶段。天然气开发利用的力度不断加大，燃气发电崭露头角，且发展势头迅猛，其较高的发电效率和显著的环保效果越来越受到国家政策的支持。

1.3.1.3 输电线路长度增长

截至 2013 年年底，全国电网 220kV 及以上输电线路长度达 53.98 万千米，同比增长 6.4%. 其中，交流输电线路为 51.81 万千米，直流输电线路为 2.17 万千米；变电设备容量为 26.23 亿千伏安，同比增长 8.14%。

2013 年，全国电网建设 220kV 及以上输电线路长度新增 3.95 万千米，变电容量新增 1.96 亿千伏安。我国电网规模连续多年稳居世界首位。另外，2013 年，全国电力建设完成固定资产投资 7611 亿元，同比增长 2.95%，其中电源投资 3717 亿元（水电 1246 亿元、火电 938 亿元、核电 609 亿元、风电 631 亿元），同比下降 0.40%；电网投资 3894 亿元，同比增长 6.37%。

在电力传输技术方面，我国不仅实现了以高压、超高压输送技术为主体的远距离、大功率的全国大联网，近几年还在多条远距离、大功率电力传输线路上创新采用了特高压的 1000kV 交流输电和±800kV 直流输电新技术，奠定了世界输电史上的新的里程碑。

1.3.1.4 电源格局更加优化

2013 年初，《能源发展“十二五”规划》发布，继续推进上大压小，大容量、高参数、低排放的燃煤机组得到快速发展。到“十二五”末，淘汰落后煤电机组 2000 万千瓦，国有发电企业在建设生态电厂方面走在前列。2013 年 1 月 1 日开始，我国将脱硝电价试点范围扩大为全国所有燃煤发电机组。2013 年 3 月，环保部公布《关于执行大气污染物特别排放限值的公告》称，火电燃煤机组自 2014 年 7 月 1 日起执行烟尘特别排放限值，新受理的火电环评项目执行大气污染物特别排放限值。根据规划，到 2015 年，全国将完成 4 亿千瓦现役燃煤机组脱硝设施建设。

随着电网特高压输电技术的成熟、应用和发展，电源中心与负荷中心相分离的特点越来越明显，火力电源中心越来越向煤炭基地靠拢，水力电源中心产生的电能受到优先使用，核电的发展前景被看好，是我国今后洁净能源发展的最重要方向。热电一体化发展是近几年在城市周边发展的重要模式，受到环保要求的制约，燃气热电模式的发展较快，受到较高关注和较大欢迎。

虽然我国电能供应以火电为主的基本格局不会在短期内发生根本变化，但随着国

家经济结构的调整、环保政策的落实和洁净能源份额的不断提高，火力发电增长将呈现连续下降的态势。

1.3.2 电力行业竞争格局

按照我国目前现行的行业管理模式，电力工业主要由国家电力公司、广东电力公司、内蒙古电力公司、海南电力公司负责运营，售电量比例分别为国电 90.8%、广东电力 7.9%、内蒙古电力 0.8%、海南电力 0.5%。其中，国家电网公司资产隶属国务院，其他电力公司隶属地方政府。在发电领域，存在各种形式的投资主体，国电资产约占 50%。

我国电力发电环节已经基本实现市场主体多元化，初步形成竞争格局。中央直属五大发电集团中国华能集团公司、中国大唐集团公司、中国国电集团公司、中国华电集团公司、中国电力投资集团公司仍是发电市场的主体。主要企业情况如下。

1.3.2.1 中国华能集团公司

华能集团在发电机组结构上，30 万千瓦及以上大容量机组比重最高，机组成新度最高，各项技术参数优良，在目前的发电市场上，竞争能力最强。在地域分布上，华能集团在华东、华北优势相对明显。

截至 2011 年末，华能集团在全国 29 个省（区、市）和境外拥有电力生产运营电厂 210 家，公司拥有境内外全资、控股装机容量 12538 万千瓦，装机规模居亚洲第一、世界第二。装机构成中，水电装机为 1082.09 万千瓦，占 9.02%；火电装机为 10347.3 万千瓦，占 86.29%；风电装机为 560.08 万千瓦，占 4.67%。装机分布中，国内装机为 12271 万千瓦，约占全国的 11.62%；境外全资、控股装机为 267 万千瓦，主要分布在新加坡。

1.3.2.2 中国大唐集团公司

大唐集团在华北区域市场份额优势明显，占有主导地位，加之多年在该区域发展，无论是规模容量，还是厂网关系、政企联系、人员安排，华北是其当之无愧的“根据地”，在南方、华中区域的市场份额也有一定优势。上市公司配置合理，大唐集团以大唐海外上市为主体，两个国内上市公司为辅助，融资市场比较开阔。

1.3.2.3 中国华电集团公司

华电集团资产分布的省份比较集中，在一些省份如山东、贵州、黑龙江、新疆和四川等占有主导地位。该公司负责的水电流域已经形成滚动开发机制，贵州乌江流域已获得地方政府部分优惠政策，这将成为华电集团的一个重要利润增长点。资产负债率较为合理。发电装机容量主要集中在三北地区，东北区域市场份额占领先地位。

1.3.2.4 中国电力投资集团公司

中电投集团在华东、西北区域市场份额占领先地位，在东北、华中区域也具有一定优势。公司拥有原国电公司系统的全部核电资产和股权，在核电项目上较其他公司具有独特的优势。在香港注册的中国电力国际有限公司为中电投集团实施国际化战略和进行国际融资提供了平台。

1.3.2.5 中国国电集团

国电集团作为厂网分开改革重组后的五大发电集团公司之一，国家直接划拨给

3000 万千瓦的可控容量和 2000 万千瓦左右的前期开发容量，截至 2012 年 3 月末，公司可控装机容量 10798 万千瓦，具有明显的规模优势。这种优势在公司发电项目建设、设备和材料采购、资产运营、设备检修、燃料采购及管理、资金运作及市场开拓等环节中得以显现。随着项目陆续投产，公司的收入也将会稳定增加。

国电集团的发电能力主要分布在东北、华北和华东地区，火电机组的规模化效应较为明显，大渡河流域的水电开发也有一定优势。风电和潮汐发电的装机量位于行业前列。集团控制了一定规模的煤炭资源，对于控制成本有着积极作用。国电集团拥有国电电力、长源电力、平庄能源、英力特、龙源技术 5 家国内 A 股上市公司和龙源电力一家香港 H 股上市公司，在融资渠道上有一定优势。

1.3.3　我国中长期电力规模及结构预测

综合考虑各种发电装机类型，预测到 2020 年我国电力装机将达到 18 亿千瓦左右，其中煤电、气电等化石能源装机约占 2/3，水电、核电、风电等非化石能源装机约占 1/3。预测到 2030 年电力装机将达到 25 亿～28 亿千瓦，化石能源装机约占 50%～60%，非化石能源装机约占 40%～50%。

预测到 2050 年，我国发电量的饱和规模将达到 13.1～14.3 万亿千瓦时左右。化石能源发电量占 57%左右，较 2011 年下降了 25 个百分点；非化石能源发电量占 43%左右。人均发电量达到 9034～9862 千瓦时，与韩国、中国台湾水平相当，约为美国水平的 70%。对应的装机饱和规模约为 32 亿～34 亿千瓦，其中化石能源装机规模占 47%左右，较 2011 年下降了 25 个百分点；非化石能源装机规模占 53%左右。人均装机 2.3 千瓦/人，与日本当前水平相当，约为美国的 70%，高于英、法、德等欧洲国家。

1.3.3.1　煤电发展能力

煤炭是我国的主体能源，占一次能源消费总量的 70%左右。2012 年我国煤电装机规模已达 7.58 亿千瓦，占总装机的 66.2%；煤电发电量为 3.68 万亿千瓦时，占总发电量的 73.9%。丰富的煤炭资源决定了我国将在较长时间段内保持以煤电为主的电源结构。未来我国煤电发展必须走绿色环保的可持续发展道路。煤电的发展能力主要考虑气候变化、环境保护、煤炭产能三个因素影响。

综合考虑气候变化、环境保护、煤炭产能三个因素，推荐 2030 年燃煤发电量上限按 6.2 万亿～7 万亿千瓦时、煤电装机按 12.5 亿～14 亿千瓦考虑；2050 年燃煤发电量上限按 7 万亿～7.5 万亿千瓦时、煤电装机按 14 亿～15 亿千瓦考虑。

1.3.3.2　天然气发展能力

天然气是一种优质、高效、清洁的低碳能源，利用天然气发电是优化和调整我国电源结构、促进节能减排的重要发展方向。2012 年我国气电装机 3827 万千瓦，仅占总装机的 3%。我国常规天然气资源贫乏，但页岩气等非常规天然气储量丰富，开发潜力巨大。未来随着勘探技术的进步以及页岩气开发条件的成熟，我国天然气产量将不断增长。预测到 2030 年前后，我国天然气产量将有望达到 3000 亿立方米、2050 年天然气产量将达到 3500 亿立方米。再计及 2000 亿～2500 亿立方米的进口规模，预计远景我国天然气供应能力将达到 5500 亿～6000 亿立方米。按此计算，预计 2030

年天然气供应可支撑发电量约为0.42万亿千瓦时，装机约1亿千瓦；2050年可支撑发电量约为0.52万亿～0.57万亿千瓦时，装机约1.2亿～1.3亿千瓦。

1.3.3.3 核电发展能力

发展核电是解决我国未来电力供应的重要途径。我国核电起步较晚，现有规模仅1257万千瓦，受日本福岛核电事故的影响，保证核电安全、优化核电规模和布局是我国核电发展的重要问题。

随着乏燃料发电等技术的发展，铀资源已不再构成我国核电发展的最主要制约因素。而为了保证核电安全，核电厂址对地震地质、水文气象、环境保护、人口密度等众多因素的要求更为严格，厂址资源将是我国核电发展的最主要影响因素。根据已进行的选址工作，现有厂址资源可支撑核电装机1.6亿千瓦以上；通过进一步选址勘察，可满足3亿～4亿千瓦的装机规模。

1.3.3.4 水电发展能力

我国水电资源丰富，水电在我国能源资源格局中占有重要地位。积极开发水电是保障我国能源供应、促进低碳减排的重要手段。我国水力资源理论蕴藏量年电量为60829亿千瓦时，平均功率为69440万千瓦；技术可开发装机容量为54164万千瓦，年发电量为24740亿千瓦时；经济可开发装机容量为40179万千瓦，年发电量为17534亿千瓦时。至2012年底，我国水电装机容量约为24890万千瓦，东部水电已开发完毕，中部水电开发程度也已将近八成。水电资源是制约我国水电发展的最主要因素，水电发展上限可按5亿千瓦考虑。

1.3.3.5 风电发展能力

我国陆地50米高度处3级及以上风能资源潜在开发量为23.8亿千瓦，主要分布在新疆、内蒙古、甘肃河西走廊及东北、西北、华北和青藏高原等地区。近海5～25m水深范围内风能资源潜在开发量为2亿千瓦，主要分布在东南沿海及附近岛屿。

我国风电已进入大规模发展阶段，截至2012年底，我国风电并网装机规模达6083万千瓦，居世界第一。风资源的大规模集中开发带来电力系统消纳问题，尤其是我国风资源丰富地区的地理位置相对偏远，消纳问题更加突出。因此，电网消纳能力是制约风电发展的最主要因素。结合我国当前运行实际，以风电发电量占全部发电量的10%作为消纳条件，饱和年可消纳风电装机规模约为7亿千瓦。

1.3.3.6 太阳能发展能力

我国陆地表面年太阳辐射能相当于约17000亿吨标煤。太阳能的分布有高原大于平原、内陆大于沿海、干燥区大于湿润区等特点。

太阳能发电发展受消纳能力限制，预计饱和年可消纳规模在2亿千瓦左右。

1.3.4 我国电力供应的发展趋势

我国“十二五”能源规划发展思路，一是要大力发展新兴能源产业，加快核电建设，大力发展风能、太阳能和生物质能，发展煤炭的清洁利用产业；二是加强传统能源的产业，建设大型能源基地，努力发展煤、电大型的能源企业；三是提高能源综合安全保障机制，统筹国内外能源的开发和利用，加强能源布局的平衡和协调衔接，合理安排煤电油气的建设；四是强化科技创新，推进能源综合开发利用，健全资源开发的合理机制和生态修复的机制；五是改善城乡居民的用电条件，加强广大农村地区的能源建设。

"十二五"能源规划的发展目标是：煤炭仍将保持主体能源地位，水电、风电、生物质能、核电、太阳能生产规模都将有大幅提高。"十二五"末期国内将形成六到八个大型煤炭集团，并且按照区域经济特点提出煤炭调入区和调出区概念。同时，可再生能源方面，将力促水电发挥可再生能源的主体作用，将风电作为可再生能源的重要新生力量，将太阳能作为后续潜力最大的可再生能源产业，同时推动生物质能多元化发展。"十二五"能源规划投资预计为5万亿元，其中电源建设投资预计为2.65万亿元，电网建设投资预计为2.35万亿元。

"十二五"能源规划电源建设装机目标是：截至2015年，国内水电装机达到2.8亿千瓦，电量为8482万千瓦时，折合2.67亿吨标煤。将重点开发黄河上游、长江中上游、红水河、乌江、澜沧江等八个流域，十三个水电基地；风电装机目标为9000万千瓦（含海上风电500万千瓦），电量为1800亿千瓦时；生物质能装机容量将达到1300万千瓦，电量为650亿千瓦时；核电装机目标为3000万千瓦；太阳能发电将达到500万千瓦，发电量为75亿千瓦时；建成华北、华东、华中（"三华"）特高压电网，形成"三纵三横一环网"。未来5年，特高压的投资金额将达到2700亿元。

可再生能源方面，"十二五"规划提出了"十大可再生能源重点工程"，其中包括重大水电基地工程、千万千瓦级风电工程、可再生能源示范城市等。其中，重大水电基地工程将推动金沙江、怒江流域的水电开发。对于我国此前规划的七大千万千瓦级风电工程，其中将有五大工程计划在"十二五"期间建成。对于可再生能源示范城市，"十二五"期间将从"发展可再生能源"和"节能环保"两方面进行双重标准考核。预计到2020年，我国新能源发电装机为2.9亿千瓦，约占总装机的17%。其中，核电装机将达到7000万千瓦，风电装机接近1.5亿千瓦，太阳能发电装机将达到2000万千瓦，生物质能发电装机将达到3000万千瓦。未来十年新能源投资将达到10万亿。

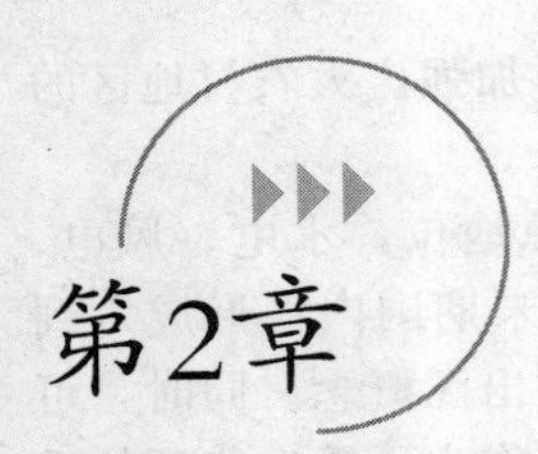

第2章 电力企业安全生产知识与管理

2.1 电力企业安全生产管理体系

2.1.1 电力企业的安全保障体系

电力企业的生产必须坚持“安全第一、预防为主、综合治理”的方针，这是由电力生产、输送、分配和使用过程中的客观规律所决定的，是多年实践经验的积累，甚至是用血的教训总结出来的。因此，在任何时候都丝毫不能动摇这个方针。否则，事故频发的电力工业就会损失惨痛，人心不宁，严重阻碍国民经济的顺利发展。

从电力事故对企业经济效益和社会效益的影响来看，安全就是最大的效益。安全是企业改革和发展的重要保证，是提高企业经济效益的前提，没有安全就谈不上效益！

安全是电力工业的生命，是职工及其家庭幸福的保证，因此每个职工都必须高度重视安全，并在实际工作中要居安思危、防微杜渐。

为了保障电力生产的安全运行，我国电力行业及其主管部门制定了一系列的安全规章制度。这些规章制度是多年来人们总结前人的经验和血的教训凝结而成的，是保证电力企业安全稳定生产的法宝，每个从业的职员必须认真学习和牢记，在实际工作中认真遵守才能确保安全。

“安全第一、预防为主、综合治理”的方针要求每个行业和企业都必须建立一整套完整的安全保障体系，它包括行业安全状况的调查研究、政策规章的制定、有关文件制度精神的宣传贯彻、相关知识的培训和文化建设、各种保障条件的确立和提供、实施情况的落实和督查、事后的奖惩总结等形式和事务方面的人员、机构和过程。

国家安全生产监督管理总局是国务院主管安全生产综合监督管理的直属机构，也是国务院安全生产委员会的办事机构。省级层面上有各地方（省、自治区、直辖市）政府和行业的安全生产监督管理局，其职能与国家安全生产监督管理总局的职能协调一致，结合地方和行业特点行使安全生产监管和煤矿安全监察工作、强化监督执法的职责。按照“国家监察、地方监管、企业负责”的原则，从政令行通和属地监管责任自负的管理体制，在各个大中型生产企业里都设置了相应的安全生产监督管理部门，例如，各个发电厂都设置了安全监察部，配置了生产安全管理专干。

2.1.1.1 电力企业建立安全生产保障体系的法律支撑

从国家的大环境来讲，我国第九届人大常委会第二十八次会议于2002年6月29日通过并发布实施了《中华人民共和国安全生产法》（中华人民共和国主席令第七十号），其中总则第4条规定：生产经营单位必须遵守本法和其他有关安全生产的法律、法规，加强安全生产管理，建立健全安全生产责任制度，完善安全生产条件，确保安全生产。国务院《关于进一步加强企业安全生产工作的通知》（国发［2010］23号）第1条工作要求规定：深入贯彻落实科学发展观，坚持以人为本，牢固树立安全发展的理念，切实转变经济发展方式，调整产业结构，提高经济发展的质量和效益，把经济发展建立在安全生产有可靠保障的基础上；坚持“安全第一、预防为主、综合治理”的方针，全面加强企业安全管理，健全规章制度，完善安全标准，提高企业技术水平，夯实安全生产基础；坚持依法依规生产经营，切实加强安全监管，强化企业安全生产主体责任落实和责任追究，促进我国安全生产形势实现根本好转。

就电力行业而言，《中华人民共和国安全生产法》中的第十九条规定：电力企业应当加强安全生产管理，坚持安全第一、预防为主的方针，建立、健全安全生产责任制度。国家电网公司颁布了《安全生产工作规定》（国电办［2000］3号），其中第4条至第7条规定：公司系统实行以各级行政正职为安全第一责任人的各级安全生产责任制，建立健全有系统、分层次的安全生产保证体系和安全生产监督体系，并充分发挥作用。公司系统各级组织在各自主管的工作范围内，围绕统一的部署，依靠群众共同做好安全生产工作。公司系统各企业应依据国家、行业及国家电力公司有关法律、法规、标准、规定，制定适合本企业情况的规章制度，使安全生产工作制度化、规范化、标准化。公司系统各企业要贯彻“管生产必须管安全”的原则，做到计划、布置、检查、总结、考核生产工作的同时，也要做到计划、布置、检查、总结、考核安全工作。南方电网公司、中国华能集团公司等分别于2003年和2009年制定、发布了各自企业相应的《安全生产工作规定》，此处介绍从略。

2.1.1.2 电力企业安全保障体系的要素、组成和任务

电力企业中安全生产保证体系和安全监督体系构成了电力企业安全管理的有机整体，两个体系各自发挥作用并协调配合，是电力企业搞好安全生产的关键。电力企业的安全保障体系包含三个要素，即人、设备、管理方法。欲在一个企业里建立起有效而可靠的安全生产保障体系，首先，要紧紧抓住人这个主体因素。因为企业里的所有生产活动都是由人的行为去完成的，在安全生产活动的诸多矛盾中，人是其中的主要承载体，所以，抓安全生产的管理工作必须抓好人的管理。其次，设备的技术先进性和运行水平的高低是直接影响电力企业安全的物质基础，如果仅仅只依靠对人的规范管理，而没有相应的物质基础作支撑，电力安全生产就会出现波动。最后，要规范各类人员在生产活动中的行为，确保人与设备之间协调运作的必要手段是规程制度和管理方法。

电力企业安全生产保障体系由决策指挥、规章制度、安全技术、设备管理、执行运作、思想政治工作和职工教育六大保障系统组成。

（1）决策指挥保障系统

决策指挥保障系统是安全生产保障体系的核心，在整个保障体系中起到至关重要的作用。该系统根据国家和上级安全生产的方针政策、法律法规，制定企业安全、环境、质量方针和目标；健全安全生产责任制，对安全生产实行全员、全方位、全过程的闭环管理，发挥激励机制作用；保证安全经费的有效投入，重视员工的安全教育，健全三级安全监督网；审核批准企业安全文化创建方案和目标等。

(2) 规章制度保障系统

规章制度保障系统是安全生产保障体系的根本。它的主要功能是建立和完善企业的各项规章制度，实行安全生产法制化管理；从严要求，从严考核，杜绝“有法不依、执法不严”；认真执行“三不放过”原则，用重锤敲响警钟，做到警钟长鸣，形成安全生产制度化、法制化管理的局面。

(3) 安全技术保障系统

安全技术保障系统是安全生产保证体系的重要组成部分，其主要功能是加强技术监督和技术管理，应用、推广新的技术监测手段和装备；通过安全技术和生产技能水平的提高，落实“安全技术和劳动保护措施计划”；改进和完善设备、人员防护措施。

(4) 设备管理保障系统

设备管理保障系统是安全保障体系的重要基础。该系统通过有计划地对电网及设备进行升级改造、加强设备管理、提高设备完好率、加强设备缺陷和可靠性管理、不断提高设备安全稳定运行水平，落实“反事故措施计划”，应用新设备、新技术、新工艺来实现电网本质化安全管理目标。

(5) 执行运作保障系统

执行运作保障系统处于安全生产保障体系的最前沿、管理的末端，通过加强班组建设，健全班组规范化安全管理机制；实行规范化、标准化、程序化的现场管理，强化安全纪律，有效治理习惯性违章；开展安全技术、业务技能培训，提高运行检修工作质量和员工的技术水平和防护能力。

(6) 思想政治工作和职工教育保障系统

在我国的管理体制下，该系统是实现安全生产管理理念的党、政、工、团齐抓共管的重要载体。通过对职工开展安全思想教育、安全文化建设和安全意识培养及培训，实施有针对性的竞赛和宣传活动；确实使职工养成在生产过程中自觉遵章守纪的良好行为规范，把安全生产的理念由“要我安全”到“我要安全”直至“我会安全”的终极安全目标。

安全保障体系的根本任务，一是要造就一支具有高度事业心、强烈责任感、良好安全意识、娴熟业务技能、遵章守纪的优良品质和严肃认真、一丝不苟、精益求精的工作作风的员工队伍；二是努力提高设备、设施的健康水平，充分利用现代化科技成果改善和提高设备、设施的性能，最大限度发挥现有设备、设施的潜力；三是不断加强安全生产管理，提高管理水平。

2.1.1.3 电力企业建立安全生产保障体系的落实

如上文中所述，电力企业安全生产保障体系由六个保障系统组成，从建立以及正常运行的关联度而言，安全生产保障体系是一项复杂的系统工程，它涉及参与其中的各类人员、各个生产岗位、各个环节；也就是说，只有其中的每一个人、每个岗位、每个环节都做到了安全，才能保证整个系统是安全的。

安全生产责任制的落实是电力企业建立安全生产保障体系的核心工作，它是按照国家安全生产监督管理总局提出的“安全第一、预防为主、综合治理”的安全生产方针，依据“谁主管、谁负责”“管生产必须管安全”的原则，对各级领导、职能部门、有关工程技术人员和在岗员工日常必须做的工作和在工作中的应该履行和实施监督的权限、应负的安全责任作出的明确而又具体的规章制度。它的落实执行，能够防止安全生产停留在口号化、形式化以及相互推诿的阶段，有效增强全体员工做好安全生产的自觉性和责任感；提高全员对安全生产工作极端重要性的认识，充分调动各级各类人员和部门在维护安全生产方面的积极性和主观能动性，对预防事故和减少损失具有重要作用；通过把安全生产责任落实到每个环节、每个岗位、每个人，能够增强各级管理人员的责任心，使安全管理工作既做到责任明确，又互相协调配合，共同努力把安全生产工作落到实处。安全生产责任制的落实在形式上通常要求各级领导、管理人员、作业人员及所有员工都要明确自己在安全生产保障体系中的法定责任，并以签订年度安全生产责任书保证书的形式确定下来，应该做到：①明确本单位或本级的安全生产目标；②对本级（或本部门、本岗位）认真履行安全职责的承诺（本人决心在本年内认真贯彻“安全第一、预防为主、综合治理”的方针，以“高、严、细、实”的工作态度，认真落实安全生产责任制，履职尽责，恪尽职守，确保本年度安全目标的实现，如果不能实现，本人愿意接受相关的处罚）；③为实现安全目标的各项安全控制工作（或称事故预防工作），即按照岗位职责规范应做好本人职责范围内的工作。

从程序上来讲，安全生产责任制的落实首先要建立安全生产的组织机构及人员到岗；接着要制定安全生产管理制度，明确并落实安全生产责任；针对危险岗位、特种作业岗位的员工按照国家的要求定期组织培训，并坚决执行持证上岗；对企业的重大危险源进行统计、建档并监控，必要时改进生产工艺，彻底消除重大危险源；制定企业发生安全事故时的应急救援预案，并定期进行演练，检验应急救援预案的效果，并加以改进。

从强调安全生产责任制落实的不同侧面和重要性而言，有许多基本原则，它们是：“管生产必须管安全”的原则；“安全具有否决权”的原则；在基本建设项目中，职业安全、卫生技术和环境保护等措施和设施必须与主体工程同时设计、同时施工、同时投产使用的“三同时”原则；企业的生产组织及领导者在计划、布置、检查、总结、评比工作中必须做到“五同时”的原则；依据《国务院关于特大安全事故行政责任追究的规定》（国务院令第302号）确立的事故原因未查清不放过、当事人和群众没有受到教育不放过、事故责任人未受到处理不放过、没有制订切实可行的预防措施不放过的“四不放过”原则；以及安全生产与经济建设、深化改革、技术改造同步规划、同步发展、同步实施的“三个同步”原则。

2.1.2　电力企业的安全监督体系

2.1.2.1　安全监督体系的基本构成和主要功能

现阶段，电力企业安全监督体系一般由安全监督部门、车间和班组安全员组成三级安全监督网络。其主要功能，一是安全监督，二是安全管理，即运用行政上赋予的职权，对电力生产和建设全过程的人身和设备安全进行监督，并具有一定的权威性、公正性和强制性；协助领导做好安全管理工作，开展各项安全活动等。

电力企业安全监督部门的工作侧重点，应以安全管理为主，现场监督为辅，以不定期抽查为其主要监督方式；车间级安全员的工作侧重点是监督一些工作量较大或工作条件较复杂的大修、基建、改造等工程，其他工程可采取不定期抽查的办法，以较多的精力从事安全管理工作；班组级安全员应主要侧重于现场监督。

2.1.2.2 安全监督人员的工作方法

在生产实践中，企业安全监督部门总感到工作不够顺利，与安全保证体系的关系不够协调，如果不能正确处理好两者的关系，就会影响安全监督体系功能的实现。因此，要充分发挥安全监督体系的作用，工作方法显得十分重要，主要表现为以下几点。

① 由于电力生产的复杂性，安全问题渗透于电力生产各个方面、各个环节，任何一个错误的命令、错误的操作、错误的作业，都可能导致事故甚至整个电力系统的崩溃。所以，安监人员必须掌握电网运行、设备运行等各种专业知识，掌握各类生产人员的工作性质和特点，掌握不断发展的电力生产新知识，成为电力生产的行家里手，为安全监督工作打下坚实的基础。

② 安监部门要有一个长期的管理规划和目标，如企业员工的安全培训、安全设施标准化、安全生产激励机制的建立、企业安全文化的创建等。这些工作不仅要有计划，而且要有具体内容和实施方案，通过分阶段、由浅入深地工作，使员工的安全生产技能、安全生产意识和企业的安全生产基础得到不断提高。

③ 安监部门要在大量的、深入的现场安全管理的实践中，不断发现和研究管理中存在的问题，找出安全管理中具有规律性的东西，上升到理性的认识，形成规章制度。用不断完善的安全生产规章制度指导工作，使安全管理规范化、制度化。

④ 安全监督工作直接涉及对人的管理，如果单纯采用处罚手段，不能使员工从思想上对安全管理产生认同，心悦诚服地接受教育，就可能使员工产生逆反心理。因此，要把思想工作与严格的奖惩制度有机地结合起来，并做到在奖罚上制度化、规范化，切忌随意性和盲目性。对一般性违章应区别不同工种和特定生产环境，宜采用以说服教育为主的处理方法。对严重违章和屡教不改的习惯性违章，要坚决果断地严肃处罚。同时，要做到有奖有罚，对企业安全生产做出贡献的员工、安全风险较大的工种，安监部门要积极为他们争取荣誉和奖励，并要进行大力表彰和宣传，在企业中逐步形成违章可耻、安全光荣的企业文化。

⑤ 要做好电力企业安全工作，安全监督体系与安全生产保障体系要形成合力，才能使安全管理整体功能得以发挥。安监部门要经常主动与各生产单位、生技部门、人教部门、党群部门沟通信息，及时向他们通报上级安全管理的要求、职工奖罚处理、安全管理工作重点等情况，积极主动争取有关部门的意见和建议。特别是在事故调查和处理中，安监部门要充分听取事故单位的意见，全面了解和掌握情况，对事故原因和责任做出正确的分析和判断。如果事故原因分析不当或对有关责任人处理不当，就会对安全管理的严肃性、安全监督的权威性造成影响，对今后的安全监督工作带来不利。

⑥ 要搞好企业的安全生产工作，离不开领导的重视和支持。这除了领导对安全工作重要性的认同外，很大程度上取决于安全监督体系的工作效果。如果安监人员通过扎实、细致的工作，对企业安全形势的分析具有及时性、准确性，提出的措施具有针对性、可行性，使安全基础不断巩固，安全水平不断提高，使领导感到安监人员是自己安全工作上离不开的参谋和助手，自然会重视和支持安全监督体系的工作。

2.1.2.3 安全保障体系与安全监督体系的关系

在电力企业的管理实践中，不同程度地存在着保障体系和监督体系职责不清、关系不顺的现象。对于一些矛盾较大、困难较多、易得罪人、不易出成果的工作经常出现互相推诿的现象，现场纠正违章，提出考核批评意见以及脏、险、累的工作不愿意做，对于事故、障碍、失误的责任就更无人承担，常常出现“职责不清”的情况。保障体系的建立，科学地明确了企业各类各层次人员的安全责任、到位标准以及相互配合的方式，有效地避免了推诿现象的发生。两个体系有机地结合在一起就如同两个车轮在同步转动，车就能直线前进，否则就只能原地打转。安全保障体系要保证企业在完成生产任务的过程中实现安全、可靠；要解决安全生产在实施全员、全方位、全过程的闭环管理过程中，谁对哪些工作负责任，在哪些范围内负责，负什么样的责任，使企业生产的每项工作，每个岗位人员都时时处处考虑到安全问题，落实好安全保证措施。安全监督体系则直接对企业安全第一责任人和安全主管领导负责，要监督、检查安全保证体系在完成生产任务的全过程中，是否严格遵守各种规章制度的规定，是否落实了安全技术措施和反事故技术措施，是否保证了企业生产的安全可靠。所以，安全监督体系和安全保障体系是一种制约与被制约的关系，安全监督体系是制约者，安全保障体系是被制约对象。

从安全生产保障体系和安全监督体系对生产安全的作用因素看，安全生产保障体系起到内因的作用，安全监督体系起到外因的作用。因此，要夯实企业的安全生产基础，建立长效的安全生产管理机制，确保安全生产，其保障体系的有效运作起着决定性的作用。安全监督体系的作用，就是检查、监督安全生产保障体系运转是否正常，是否有效。

因此，安全生产保障和安全监督这两个体系是不能相互代替的。现在有的企业，凡是安全工作都交给安监部门去做，认为安监部门应是“包打天下”。这实质上是职责不清，不利于保障体系作用的发挥，也不利于共同确保企业安全目标的实现。

2.1.3 电力企业的安全培训与安全文化建设

电力企业安全培训的基本形式是三级安全教育，即厂级、车间级和岗位（工段、班组）级的安全教育，它是企业安全培训的基本教育制度。受教育对象是新进厂人员，包括新调入的工人、干部、学徒工、临时工、合同工、季节工、代培人员和实习人员。

企业必须对新进厂人员进行安全生产的入厂教育、车间教育、班组教育；对调换新工种，采取新技术、新工艺、新设备、新材料的工人，必须进行新岗位、新操作方法的安全卫生教育，受教育者经考试合格后，方可上岗操作。

2.1.3.1 三级安全教育的内容

(1) 厂部安全教育的主要内容

① 讲解劳动保护的意义、任务、内容和其重要性，使新入厂的职工树立起“安全第一”和“安全生产人人有责”的思想。

② 介绍企业的安全概况，包括企业安全工作发展史、企业生产特点、工厂设备分布情况（重点介绍接近要害部位、特殊设备的注意事项）、工厂安全生产的组织。

③ 介绍国务院颁发的《全国职工守则》和企业职工奖惩条例以及企业内设置的各种警告标志和信号装置等。

④ 介绍企业典型事故案例和教训，抢险、救灾、救人常识以及工伤事故报告程序等。

厂级安全教育一般由企业安技部门负责进行，时间为4～16小时。讲解应和看图片、参观劳动保护教育室结合起来，并应发一本浅显易懂的规定手册。

(2) 车间安全教育的主要内容

① 介绍车间的概况。如车间生产的产品、工艺流程及其特点，车间人员结构、安全生产组织状况及活动情况，车间危险区域、有毒有害工种情况，车间劳动保护方面的规章制度以及对劳动保护用品的穿戴要求和注意事项，车间事故多发部位、原因、有什么特殊规定和安全要求，介绍车间常见事故和对典型事故案例的剖析，介绍车间安全生产中的好人好事，车间文明生产方面的具体做法和要求。

② 根据车间的特点介绍安全技术基础知识。

例如冷加工车间的特点是金属切削机床多、电气设备多、起重设备多、运输车辆多、各种油类多、生产人员多和生产场地比较拥挤等。机床旋转速度快、力矩大，要教育工人遵守劳动纪律，穿戴好防护用品，小心衣服、发辫被卷进机器，手被旋转的刀具擦伤。要告诉工人在装夹、检查、拆卸、搬运工件特别是大件时，要防止碰伤、压伤、割伤；调整工夹刀具、测量工件、加油以及调整机床速度均须停车进行；擦车时要切断电源，并悬挂警告牌，清扫铁屑时不能用手拉，要用钩子钩；工作场地应保持整洁，道路畅通；装砂轮要恰当，附件要符合要求规格，砂轮表面和托架之间的空隙不可过大，操作时不要用力过猛，站立的位置应与砂轮保持一定的距离和角度，并戴好防护眼镜；加工超长、超高产品，应有安全防护措施等。

其他如铸造、锻造和热处理车间、锅炉房、变配电站、危险品仓库、油库等，均应根据各自的特点，对新工人进行安全技术知识教育。

③ 介绍车间防火知识，包括防火的方针，车间易燃易爆品的情况，防火的要害部位及防火的特殊需要，消防用品放置地点，灭火器的性能、使用方法，车间消防组织情况，遇到火险如何处理等。

④ 组织新工人学习安全生产文件和安全操作规程制度，并应教育新工人尊敬师傅，听从指挥，安全生产。

车间安全教育由车间主任或安技人员负责，授课时间一般需要4～8课时。

(3) 班组安全教育的主要内容

① 讲解本班组的生产特点、作业环境、危险区域、设备状况、消防设施等。重点介绍高温、高压、易燃易爆、有毒有害、腐蚀、高空作业等方面可能导致发生事故

的危险因素，交待本班组容易出事故的部位和典型事故案例的剖析。

② 讲解本工种的安全操作规程和岗位责任，重点讲思想上应时刻重视安全生产，自觉遵守安全操作规程，不违章作业；爱护和正确使用机器设备和工具；介绍各种安全活动以及作业环境的安全检查和交接班制度。告诉新工人出了事故或发现了事故隐患，应及时报告领导，采取措施。

③ 讲解如何正确使用爱护劳动保护用品和文明生产的要求。要强调机床转动时不准戴手套操作，高速切削要戴保护眼镜，女工进入车间戴好工帽，进入施工现场和登高作业，必须戴好安全帽、系好安全带，工作场地要整洁，道路要畅通，物件堆放要整齐等。

④ 实行安全操作示范。组织重视安全、技术熟练、富有经验的老工人进行安全操作示范，边示范、边讲解。重点讲安全操作要领，说明怎样操作是危险的，怎样操作是安全的，不遵守操作规程将会造成的严重后果。

2.1.3.2　电力企业的安全文化建设

文化是一种理念，是人们自觉行为的一种氛围。安全文化是对人的安全价值观的管理，通过教育和潜移默化的影响来塑造具有安全能力的人，使其从自身需要、从本质上、从理性的角度看待自己的行为、规范自己的行为。主动地、甚至潜意识地克服自己的不安全行为，做到不伤害自己，不伤害别人，也不被别人所伤害，并且保护他人不受伤害。真正实现安全的可控、能控、在控，做到“基于我们的努力，除了人力不能抗拒的自然灾害外，所有的事故都可以预防，任何障碍都可以控制”。

电力企业安全文化是电力企业所创造的安全物质财富和安全精神财富的总和，是电力企业在从事电力生产的实践活动中，为保证电力生产正常进行，保护电力企业员工免受意外伤害，经过长期积累，不断总结，并结合现代市场经济制度所形成的一种管理思想和理论；是电力企业全体员工对安全工作形成的一种共识；是电力企业安全工作的基础和载体；更是电力企业实现安全生产长治久安强有力的支撑。安全文化建设就是为了改变电力企业在安全生产上“事故—整改—检查—事故”的被动循环的局面，弥补管理上的不足，从价值观开始培养员工对安全的一种发自内心的渴求和自觉，矫正员工的不安全行为，努力把安全问题与电网安全、企业发展和员工个人幸福生活联系在一起，将全体员工培养为“安全人”。

企业安全文化由企业安全的物质文化、精神文化、制度文化和行为文化四部分组成。

（1）物质文化

企业安全物质文化是指整个生产经营活动中所使用的保护员工身心安全与健康的工具、设施、仪器仪表、护品护具等安全器物。它是最具有操作性的物质层面的安全文化，通过对现场安全设备设施的投入、工作人员安全防护用品的配置，最基础的满足安全生产所必需的物质需求。企业安全物质文化包括以下几点。

① 护具护品：手套，三防鞋，防毒防化用具，防寒、防辐射、耐湿、耐酸的防护用品，防静电装备，焊工防护服等。

② 安全生产设备及装置：各类超限自动保护装置，超速、超压、超湿、超负荷的自动保护装置等。

③ 安全防护器材、器件及仪表：阻燃、隔声、隔热、防毒、防辐射、电磁吸收材料及其检测仪器仪表等，安全型防爆器件、光电报警器件、热敏控温器件等。

④ 监测、测量、预警、预报装置：水位仪、泄压阀、气压表、消防器材、烟火监测仪、有害气体报警仪、瓦斯监测器、自动报警仪、红外监测器、声响报警系统等。

⑤ 用于作业现场的安全警示带、防护栏、各类标示牌等。

⑥ 其他安全防护用途的物品：包括消除静电和漏电的设备、转动轴和皮带轮等转动部件的安全罩、防食物中毒的药品、现场急救药箱、保护环卫工人安全的反光背心等。

（2）制度文化

为了保证安全生产，企业会在长期实践和发展中形成一套较为完善的保障人和物安全的各种安全规章制度、操作规程、防范措施、安全教育培训制度、安全管理责任制以及厂规、厂纪等，也包括安全生产法律、法规、条例及有关的安全卫生技术标准，这些均属于安全制度文化范围。

（3）行为文化

安全生产的最终目的就是避免人、设备设施出现不安全状态、杜绝不安全事件发生。从发生事故的根源来看，无非是人、设备工具、管理指挥、作业对象和生产环境等单方面或几个因素相互影响、相互作用。其中人是主体，是最活跃、最难掌握的因素，物质、制度等最终都需要落实到人的行动中去，变成人的行为，因此物质文化和制度文化最终落脚点就是行为文化。企业不仅需要卓越的领导者、完善的制度、先进的设备，更需要员工良好的安全行为习惯。因此，让每一位员工养成良好的安全习惯尤其重要。员工有了良好的安全行为习惯，就有了企业安全、稳定、和谐的局面和相应的效益。

（4）精神文化

安全精神文化，是安全文化的最高境界。从本质上看，它是全体员工在工作中的安全思想（意识）、情感和意志的综合体现；它是员工在长期实践中，不断接受安全熏陶、教育、约束后所逐渐形成的具有自觉性、主动性安全心理和思维特点的安全综合素质；它反映了大部分员工对安全的认知与对危险的辨识总体平均能力。经过基础的物质层安全文化的逐步完善，同时在制度安全文化的催化、传承、固化、发展下，最终会在企业精神中形成一种对安全的潜意识，一种自然而然的行为方式和工作习惯，通过加工、整理而得到企业安全精神文化，进而影响员工行为方式，达到促进安全生产、建设和谐企业的最终目的。

电力企业安全文化建设的主要内容是从安全意识、员工综合素质、安全制度制定、安全奖惩制度等方面树立具有企业特色的安全思想观念、安全生产意识和安全工作态度，规范全员对生命与健康价值的理解，形成被企业领导及员工所认同和接受的安全原则或安全生活的行为方式。搞好电力企业安全管理，需要认真做好以下几方面工作：

① 必须明确安全文化建设的深刻内涵；

② 认真落实安全文化建设工作的重点，以坚持强化现场管理为基础，要贴近生

产实际、扎扎实实开展、不走过场，各种活动的落脚点要放在车间和班组；

③ 不断完善管理机制，实现企业安全文化建设的规范化；

④ 不断提高员工的整体素质和心理状态，调动员工的积极性、主动性、创造性；

⑤ 加强职业安全培训教育工作，规范职工的安全技术行为；

⑥ 开展丰富多彩的，集知识性、趣味性、教育性为一体的文化活动，如“安全知识竞赛”“评选优秀班组”“先进个人”等活动，进行安全竞赛，实行安全考核，一票否决制，进而向员工渗透企业的安全理念。

2.1.4 电力企业安全管理的例行工作

电力系统安全管理工作包括：制定安全管理目标、安全技术培训、安全技能竞赛、安全监督考核、安全工作总结等。日常例行的工作有：班前会与班后会、安全日活动、月度安全生产工作会与安全生产分析会、安全生产例行检查、安全监督与安全网例会、年度（中）安全生产工作会。

2.1.4.1 班前会与班后会

班前会、班后会由每日的值班（组）长主持召开，严格执行公司和部门交接班管理规定，做到按时召开、切合实际、突出重点。

班前会应认真了解系统与设备运行方式，根据系统、设备运行状况及气候变化情况，做好事故预想。安排操作（工作）任务时做好危险因素分析，布置好安全措施。要针对系统、设备存在的薄弱环节和设备缺陷，提出巡视检查（巡盘、巡屏）要求和巡视（巡盘、巡屏）中的安全注意事项。

班后会应认真总结、评价当班（当日）安全生产工作的执行与完成情况，对工作成绩给予表扬，对出现的不安全问题或违章现象给予批评、纠正，制定整改措施。

2.1.4.2 安全日活动

安全日活动要做到持之以恒、联系实际、注重实效，并做好记录。部门安全日活动由部门负责人组织召开，各值班（组）安全日活动由值班（组）长或安全员主持召开，活动次数与具体要求按公司、部门规定执行。

安全日活动的主要内容：①传达上级有关安全生产方面的文件与会议精神，组织学习安全生产方面的规章制度和安全事件通报（事故通报、安全简报等）；②总结分析当月、本倒班（周）安全生产情况，重点分析本部门、本值班（组）发生的安全事件和不安全现象，制定切实可行的预防控制措施，并认真落实整改；③布置安全生产工作，结合实际工作情况有针对性的组织讨论分析，及时解决存在的问题。

公司领导、安全监督与生产部管理人员，运行项目部负责人应定期参加部门和值班（组）的安全日活动，认真检查了解基层贯彻落实上级与公司安全生产工作精神以及安全生产工作规程、规定与工作要求的情况，检查、掌握基层安全生产情况，及时给予指导并监督落实整改。

2.1.4.3 月度安全生产工作会与安全生产分析会

公司月度安全生产工作会与安全生产工作分析会一并组织进行，每月由总经理（或主管副总经理）主持召开一次。各部门负责人及安全监督与生产部全体人员参加。通报公司安全生产指标与工作任务的完成情况，组织分析发生的安全事件，分析安全生产管理中存在的薄弱环节，综合分析公司安全生产形势，研究采取预防安全事件发生的对策，提出具体工作要求，并监督落实整改。

会议主要内容：①安全监督与生产部通报公司安全生产指标完成情况，设备缺陷的发现与处理情况，"两票（工作票、操作票）"与机组开停机执行情况，各电站主要设备检修情况及存在的重大设备缺陷情况，安全事件分析，并网运行考核情况，主要工作完成情况，下月发电量计划与主要工作任务计划等。②运行项目部重点通报各电站设备（系统）运行情况，设备检修开展情况，设备存在的主要问题及应采取和已采取的预防控制措施，主要工作任务完成情况，下月主要计划工作任务以及需要协调解决的问题，对部门发生的安全事件进行重点汇报（事件概况、原因分析、应采取和已采取的措施等）。③集控运行组重点通报所在河流的水情、凌汛情况，梯级电站水库运行和集控运行等情况。④其他职能部门通报本部门工作任务完成情况，通报下月工作计划与主要工作任务安排等。⑤各部门月度安全生产会议材料于每月 2 日前（节假日顺延）报送至安全监督与生产部，会后安全监督与生产部负责编写《会议纪要》和《安全生产技术简报》。

部门月度安全生产工作分析会每月由部门负责人主持召开一次。运行项目部的安全生产分析会由部门负责人、值长、副值长、班（组）长、安全员及有关人员参加。职能部门的月度安全生产工作分析会由本部门全体人员参加，认真分析部门的安全生产情况及安全生产管理上存在的问题，制定切实可行的预防控制措施并认真落实整改。运行项目部应按照公司的运行分析管理规定的要求，认真开展运行分析工作，及时编写、上报《运行分析月报》或其他书面材料。

发生安全事件后应根据事故调查规程、上级与公司相关规定，按照"四不放过"原则，及时组织召开安全事件分析会，从安全生产管理、规章制度、设备缺陷、员工的安全生产意识等方面对生产现场的安全生产管理情况进行全面、认真、细致的分析和安全生产检查，制定切实可行的整改措施和预控措施并认真落实整改，杜绝类似安全事件的再度发生。正常情况下的安全生产分析会（如上级组织的安全检查以及上级下达的工作安排等情况），应按照相关规定、上级提出的整改要求和工作安排，检查落实情况，分析未完成原因，制定整改措施，并认真督促落实情况。

2.1.4.4 安全生产例行检查

安全生产例行检查作为及时发现并消除事故隐患、交流经验、促进安全生产的有效手段，必须予以高度的重视。检查的内容要具有针对性，突出重点、注重实效，以防止重特大事故、人身伤害事故、误操作事故和交通事故为重点，结合季节、气候特点和生产现场工作的实际需要，认真组织做好迎峰度夏、防汛抗震、防寒防冻、防火防盗和节假日安全检查。做到各类专业检查与其他日常性安全检查相结合，提高安全检查的实效性。

① 春、秋（冬）季安全检查。严格按照上级有关春、秋（冬）季安全检查规定以及关于开展春、秋（冬）季安全检查的通知要求与安排进行，认真编制检查提纲，并重点检查规章制度的贯彻执行情况，检查设备存在的缺陷和安全隐患，检查安全生产管理中存在的薄弱环节。

② 安全生产专项检查（如安全隐患排查、防汛安全检查、消防安全检查、交通安全检查、继电保护装置专项检查等）。结合季节与工作特点、设备运行状态、安全生产管理中存在的安全隐患以及上级有关规定要求，有针对性地开展安全生产专项检查并切实解决存在的问题。

③ 节假日与重大活动前的安全生产检查。按照上级通知要求与工作安排，结合生产现场工作实际情况，认真开展安全生产检查，确保节假日、重大活动期间电网和电站的安全、稳定、可靠与经济运行。

④ 其他日常性的安全生产检查。各部门、值班（组）应按照上级与公司相关规定要求，结合安全生产工作实际情况进行日常性的安全生产检查，及时发现安全生产管理工作中存在的问题以及设备存在的安全隐患，认真进行落实整改。

公司组织进行的安全生产例行检查情况及时在公司月度安全生产工作例会和安全生产分析会上进行通报，提出整改措施和工作建议，认真监督落实整改，并将有关信息刊登在由公司安全监督与生产部编写的《会议纪要》或《安全生产技术简报》上。

2.1.4.5 安全监督与安全网例会

公司定期召开安全监督与安全网例会（可与年中、年度安全生产工作会一并组织进行），会议由总经理（或主管副总经理）主持召开。公司领导、安全监督与生产部负责人及安全监督专责、各部门负责人、值长与安全员、分工会主席以及有关人员参加，安全监督与生产部负责编写会议纪要。

安全监督与安全网例会会议内容：①研究制订安全监督与安全网工作计划，分析安全生产形势，查找安全生产薄弱环节，制订开展反违章活动工作计划与安排；②总结、交流安全监督与安全网工作经验，推广安全生产管理工作先进经验；③分析执行标准、规程、规章制度中存在的问题等。

2.1.4.6 年度（中）安全生产工作会

每年年初、年中由总经理（或主管副总经理）主持召开年度（年中）安全生产工作会，公司领导、各部门负责人、值长和安全员、分工会主席及有关人员参加。安全监督与生产部负责编写会议纪要。

年度（中）安全生产工作会的主要内容：①总结公司上年度（上半年）安全生产工作，安排、布置本年度（下半年）安全生产工作计划或重点工作任务；②表彰在年度安全生产方面做出突出贡献的先进集体和员工。

2.1.5 电力企业安全管理的工作要求

各类安全生产例行工作必须按照上级和公司相关规定要求，紧密结合实际工作情况，做到"有计划、有布置、有检查、有总结、有评比"，有针对性地开展工作，认真解决存在的问题。开展春、秋（冬）季等专项安全生产检查，应按照上级通知要求、安排以及有关规定要求，认真编制检查提纲，明确检查重点并经部门主管领导审批后认真执行。对查出的问题要及时制订整改工作计划，下发整改通知，并监督认真落实整改。

安全监督与生产部应按照公司安全事件管理规定以及相关规定，负责宣传上级与公司有关安全生产管理方面的政策、方针与工作规定，转载安全事件通报和安全生产管理信息，介绍先进的安全生产管理经验，进行安全生产管理信息交流。每月编写并及时下发《安全生产技术简报》，每年应会同公司所属有关部门，及时组织编写并下发年度《安全事件汇编》。对公司安全生产工作（安全生产指标完成、生产工作任务的开展和完成等）情况进行通报，科学地分析安全生产工作管理方面存在的薄弱环节与安全隐患，提出下一步安全生产管理工作重点与安排。对发生的各类安全事件，按照“四不放过”原则，认真分析安全事件发生的经过、原因、性质与责任，提出有效整改措施以及防止类似安全事件再度发生的预防控制措施。

安全监督与生产部，定期对各部门执行企业规定的情况进行监督、检查，并将检查情况与工作要求及时在公司月度安全生产工作会上进行通报。每年由安全监督与生产部组织有关职能部门，对各部门、值班（组）的安全生产例行工作进行一次全面检查，对安全生产例行工作开展好的部门、值班（组）和个人予以表彰，对因工作失职并造成重大安全事件（或严重影响）的部门、值班（组）予以考核并通报批评，考核依据公司相关规定执行。运行项目部、集控运行组定期对各值班（组）执行企业规定的情况进行一次检查、考核，检查情况与工作要求及时在部门安全生产工作会上进行通报。

2.2 电力企业安全生产规章制度

为了保障电力安全生产，电力行业制定了一系列安全规章制度，这些制度是多年来人们总结前人经验和教训而写成的，是保障电力企业安全稳定生产的法宝，必须认真学习牢记，并在生产过程中严格遵守才能确保安全。最基本的规章制度有《中华人民共和国安全生产法》《中华人民共和国电力法》《电力安全生产监督管理办法》《电力安全生产管理制度》《国家电网公司电力安全工作规程》《国家电网公司电力建设起重机械安全监督管理办法》《电力建设安全生产监督管理办法》《电业生产事故调查规程》《防止电力生产重大事故的二十五重点要求》等。

2.2.1 电力安全生产和电力建设安全生产监督管理办法

2.2.1.1 电力安全生产监督管理办法

为了有效实施电力安全生产监管，保障电力系统安全，维护社会稳定，依据《中华人民共和国安全生产法》《中华人民共和国电力法》《中华人民共和国突发事件应对法》《电力监管条例》《生产安全事故报告和调查处理条例》和《电力安全事故应急处置和调查处理条例》等有关法律法规，制定了《电力安全生产监督管理办法》。主要包括以下内容。

电力安全生产应当坚持安全第一、预防为主、综合治理的方针，建立政府综合管理、电力监管机构依法监督管理、电力企业具体负责、社会公众监督的工作体系。

电力企业是电力安全生产的责任主体，应当遵照国家有关安全生产的法律、法规、规章和标准，建立健全电力安全生产责任制，加强电力安全生产管理，完善电力安全生产条件，确保电力安全生产。

国家电力监管委员会（以下简称电监会）依照法律、行政法规和本办法，具体负责全国电力安全生产监督管理工作。电监会派出机构在电监会的授权范围内，负责辖区内电力安全生产监督管理工作。

同一区域内涉及跨省的电力安全生产监督管理工作，由所在区域电监局协调确定；涉及跨区域的电力安全生产监督管理工作，由电监会协调确定。

任何单位和个人对电力企业违反本办法和国家有关电力安全生产监督管理规定的行为，有权向国家电力监管委员会及其派出机构（以下简称电力监管机构）投诉和举报，电力监管机构应当依法处理。

电力监管机构对下列范围内的电力安全生产工作实施监督管理。①在电力生产（含电力建设）过程中的人身安全。②电力系统运行安全。③发电设备设施和输变配电设备设施运行安全。④以发电为主、装机容量50MW以上的水电站大坝运行安全。

电力监管机构在电力安全生产监督管理工作中，履行以下职责。①组织制定电力安全生产监督管理规章、制度和标准。②组织开展电力安全生产督查和检查。③组织开展电力安全生产标准化达标工作和并网安全性评价工作，对电力安全生产状况进行诊断、分析和评估。④负责电力安全情况统计、分析、发布。⑤负责电力可靠性监督管理工作；依法组织或参与电力事故调查处理工作，对电力系统安全稳定运行或对社会造成较大影响的电力安全事件组织专项督查。⑥组织开展电力应急管理工作，按照规定权限和程序，组织、协调、参与电力事故和电力安全事件应急处置工作。⑦组织开展电力安全培训、考核和宣传教育工作。⑧组织电力安全新技术、新设备的推广应用。⑨负责对电力建设施工中相关企业取得资质的情况和安全生产情况实施监督管理。⑩对在电力安全生产工作中做出贡献者给予表彰奖励，对违法违规行为负有责任的单位和人员依法进行处罚或者提出处罚建议。

电力监管机构对下列电力企业电力安全生产工作负有监督管理职责。①依法取得输电类电力业务许可证的输电企业。②依法取得供电类电力业务许可证的中央电力企业所属供电企业，以及由其直管、代管的地方供电企业；依法取得供电类电力业务许可证的地方供电企业。③从事发电业务的中央电力企业及其分支机构，中央企业中从事发电业务的分（子）公司；依法取得发电类电力业务许可证的中央电力企业所属发电企业；依法取得发电类电力业务许可证的地方发电企业；依法取得发电类电力业务许可证的其他发电企业；电力监管机构对小水电站的涉网安全情况实施监督管理。④从事电力建设业务为主的中央电力企业及其所属相关电力企业。⑤国家有关规定明确由电力监管机构负责安全生产监督管理的其他电力企业。

电力监管机构对依法取得发电类业务许可证并向输电企业或供电企业售电的企业自备电厂的涉网安全情况实施监督管理，配合有关行业主管部门和负有安全生产监督管理职责的有关部门对上述企业自备电厂的其他安全生产工作实施监督管理。电监会大坝安全监察中心负责水电站大坝运行安全监督管理工作。电监会电力可靠性管理中心负责全国电力可靠性监督管理工作。电力监管机构配合地方政府有关部门，对电力用户安全用电实施监督管理；对重要电力用户供电电源配置情况、自备应急电源配置和使用情况实施专业指导。

2.2.1.2 电力建设安全生产监督管理办法

《电力建设安全生产监督管理办法》（电监安全［2007］38号）与《电力安全生产监督管理办法》（以下简称《办法》，共计39条）基本类同，主要是为了加强电力建设工程安全生产监督管理，明确安全生产责任，预防安全生产事故，保障人民群众生命和财产安全，根据《中华人民共和国安全生产法》《中华人民共和国电力法》《电力监管条例》《建设工程安全生产管理条例》制定。其中对各相关环节单位规定的主要条款简介包括以下内容。

电力建设安全生产监督管理办法适用于电力建设工程的新建、扩建、改建、拆除等有关活动，以及国家电力监管委员会及其派出机构（以下简称电力监管机构）实施的对电力建设工程安全生产的监督管理。《办法》所称电力建设工程，包括火电、水电、核电、风电等发电建设工程，输配电建设工程及其他电力设施建设工程。核电核岛部分建设工程和国务院有关部门负责管理的水电建设工程，国家另有规定的，从其规定。

各电力企业要严格按照国家有关法律、法规和《办法》的规定，健全电力建设安全生产各项制度，加强电力建设工程及施工现场管理，切实落实安全生产责任和安全生产措施，有效预防电力建设施工安全生产事故。各派出机构要加强对企业安全生产措施落实情况和《办法》执行情况的监督检查，依照《办法》和国家有关规定严格查处违法违规行为，进一步加强对电力建设工程安全生产的监督管理。

电力建设、勘察（测）、设计、施工、监理等单位必须遵守有关安全生产的法律、法规和规章，建立安全生产保证体系和监督体系，建立健全安全生产责任制和安全生产规章制度。

电力建设单位对电力建设工程安全生产负全面管理责任，履行电力建设工程安全生产组织、协调、监督职责。实行工程总承包的工程，工程总承包单位应当按照合同约定，履行电力建设单位对工程项目的安全生产责任；电力建设单位应当监督工程总承包单位履行对工程项目的安全生产责任。电力建设单位主要负责人、项目负责人、安全生产管理人员应当按照国家有关规定接受安全教育培训，接受初次安全培训时间不得少于32学时，每年接受再培训时间不得少于12学时。

电力建设单位应当按照国家有关高危行业企业安全生产费用财务管理规定，在工程概算中计列电力建设工程安全生产费用。电力建设工程安全生产费用在投标过程中不得列入投标竞争性报价，不得调减或者挪用。应当在工程招标文件中对投标单位的资质、安全生产条件、安全生产信用、安全生产费用提取、安全生产保障措施等提出明确要求。应当审查投标单位主要负责人、项目负责人、专职安全生产管理人员是否达到国家有关安全生产许可证规定的考核要求。投标单位主要负责人、项目负责人、专职安全生产管理人员未达到考核要求的，不得认定投标单位具备投标资格。应当在电力建设工程项目开工报告批准之日起15个工作日内，将电力建设工程项目的安全生产管理情况向所在地电力监管机构备案。电力建设工程项目安全生产管理情况发生变化的，电力建设单位应当及时向电力监管机构报告。

电力建设单位应当向电力施工单位提供施工现场及毗邻区域内地下各种管线资料，气象、水文和地质资料，相邻建筑物和构筑物、地下隐蔽工程的有关资料，并保证资料的真实、准确、完整，满足安全生产的要求。电力建设单位不得向勘察（测）、设计、施工、监理、调试、监造等单位提出不符合有关安全生产法律、法规、规章和强制性标准的要求。执行定额工期，不得压缩合同约定的工期，不得指定专业及劳务分包单位。

电力建设单位应当保证所采购的设备、材料达到质量和安全要求，不得明示或者暗示施工单位购买、租赁、使用不符合安全施工要求的设备、材料及用具。电力建设单位应当组织制定电力建设工程项目的各类安全应急预案，定期组织演练。万一发生电力建设安全生产事故，电力建设单位应当及时启动相关应急预案，采取有效措施，最大程度减少人员伤亡、财产损失，防止事故扩大。

电力勘察（测）单位应当按照法律、法规、规章和工程建设强制性标准进行勘察（测），提供勘察（测）文件应当真实、准确，防止由于勘察（测）原因导致安全生产事故发生。在勘察（测）作业时，应当执行操作规程，采取措施保证作业人员安全，保障勘察（测）地各类管线、设施和周边建筑物、构筑物安全。

电力设计单位应当按照法律、法规、规章和工程建设强制性标准进行设计，及时变更不能满足安全生产要求的设计，防止因设计不合理导致安全生产事故发生或者留下安全隐患。应当根据施工安全操作和防护的需要，在设计文件中注明涉及施工安全的重点部位和环节，并对防范安全生产事故提出指导意见。对于采用新技术、新材料、新工艺和特殊结构的电力建设工程，电力设计单位应当在设计文件中提出保障施工作业人员安全和预防安全生产事故的措施建议。应当按照国家有关规定，在工程概算中计列电力建设工程安全生产费用，明确安全生产费用的名目、使用范围。

电力监理单位协助电力建设单位实施电力建设工程项目安全生产管理，做到安全生产监理与工程质量控制、工期控制、投资控制的同步实施。应当编制电力建设工程项目安全监理实施细则。实施细则应当明确安全监理的方法、措施、控制要点和安全技术措施的检查方案。电力监理单位应当按照实施细则对电力施工单位、调试单位和试运行单位实施安全监理。按照工程建设强制性标准和安全生产标准及时审查工程设计方案、施工组织设计中的安全技术措施和专项施工方案。在实施监理过程中，发现存在安全生产事故隐患时，应当立即要求电力施工单位进行整改；情况严重的，应当责令电力施工单位暂停施工，并及时报告电力建设单位。

针对电力建设过程中起重机械等的安全事项，国家电网公司还特别制定了《电力建设起重机械安全监督管理办法》，此处就不做细述了。

2.2.2 电力安全工作规程

国家电网公司制定的《电力安全工作规程》按照专业类别分为四个部分，均以国家标准的形式发布，要求相关单位在工作中强制执行。它们包括《热力和机械部分》(GB 26164.1—2013)、《发电厂和变电站电气部分》(GB 26860—2011)、《电力线路部分》(GB 26859—2011)、《高压试验室部分》(GB 26861—2011)。

2.2.3 电力企业安全生产责任制

国家电网公司规定，所有入职上岗的职员和部门必须向上一级部门（主管领导）

承诺签订电力企业安全生产责任制，明确其安全生产职责。上至总经理，下至一般生产岗位员工都要逐一牢记和执行。现以最基层的管理人员——班组长和生产岗位员工为例，收录他们的安全职责示例包括以下内容。

2.2.3.1 **班组长安全职责**

① 班组长是本班组的安全第一责任人，应严格执行“安全第一，预防为主”的方针，对本班组工人在生产劳动过程中的安全和健康负责，对所管辖设备的安全运行负责。

② 按班组控制异常和未遂、职工个人无违章岗位无隐患的要求，组织制订班组年度安全生产目标，编制实施计划和措施，并分解落实到个人，每月组织对照检查，并严格考核。

③ 带领本班组人员认真贯彻执行安全规程、制度，以身作则，模范遵守并指导监督工人认真执行安全工作规程，及时制止违章违纪行为。

④ 主持召开好班前、班后会，认真贯彻安全生产“五同时”，掌握班内职工安全思想动态和技术特长，组织安全生产，坚持特殊工种持证上岗，负责做好每项工作任务的事先“两交”（交工作任务、交安全措施）工作。

⑤ 组织好每周一次班组安全日活动，全面分析一周的安全情况，及时学习事故通报，吸取教训，采取措施，防止同类事故重复发生，做到有内容、有记录、有实效。每月组织班内人员按设备、系统、设施（施工程序）进行安全检查、技术分析和预测、预防工作，做到及时发现问题和异常，控制好危险点。

⑥ 组织班内人员每天认真进行设备巡回检查和现场设施、工作环境、工器具检查，经常巡查检修、施工、操作现场，对本班组人员正确使用劳动防护用品进行监督检查，制止违章作业，发现重大事故隐患、缺陷，及时汇报，积极组织消除。

⑦ 督促班组技术员和工作负责人做好每项工作（倒闸操作、检修、试验等）的技术交底和安全措施交底，并做好记录。

⑧ 做好岗位安全技术培训、新人（厂）工人的三级安全教育和全班人员（包括临时工）经常性的安全思想教育；每年组织一次班组人员参加现场急救培训，做到能进行现场急救。

⑨ 组织参加安全竞赛活动。落实厂和本部门下达的“两措”计划和反事故措施。

⑩ 支持班组安全员履行自己的职权。对本班组发生的异常、障碍、未遂及事故等不安全事件，要认真记录，及时上报，保护好现场。召开调查分析会，严格按“四不放过”的原则，组织分析原因、总结教训、落实改进措施。

⑪ 组织保管、使用、管理好安全工器具，做到专人负责，做好定期试验和检查，不合格的及时更换，并做好记录。

2.2.3.2 **生产岗位员工安全职责**

① 牢固树立“安全第一，预防为主”的思想，严格遵守安全工作规程规范和各项安全管理规章制度，服从管理，尽职尽责做好本职工作。

② 积极参加公司、部门组织开展的安全生产活动，接受安全生产教育和培训，努力学习，掌握本职工作所需的安全生产知识，提高安全生产技能，增强事故预防和

应急处理能力，做到“四不伤害”。

③ 进入生产现场，应正确佩戴和使用劳动防护用品。

④ 发现事故隐患或者其他不安全因素，应立即向公司、部门的领导或安监人员报告。

⑤ 应了解作业场所和工作岗位存在的危险因素、防范措施及事故应急措施。

⑥ 应当对公司安全生产工作中存在的问题提出批评、检举、控告。

⑦ 严格执行“两票三制”及有关的安全规程和现场安全措施，发现违章及时制止，拒绝违章指挥和强令冒险作业。

⑧ 加强所辖设备维护、巡查工作，及时消缺，确保安全地完成各项任务。

⑨ 发现直接危及人身安全的紧急情况时，有权停止作业或者在采取可能的应急措施后撤离作业场所。

⑩ 完成领导交办的各项临时性工作。

2.2.4 职工作息与考勤制度

国内各个电力公司及其下属单位，依据自身工作性质和人员分布情况，为了维护公司良好的工作秩序，提高工作效率，保障员工履行义务和享有休息休假的权利，根据《中华人民共和国劳动法》和国家有关规定，都制定了各自的职工作息与考勤制度。条款大同小异，内容有细致也有粗放的，此处不予列举，请参见其单位的相关制度。

2.3 电力企业典型工作岗位安全生产技术

2.3.1 安全色标与安全标志

安全色标就是用特定的颜色和标志，形象而醒目地给人们以提示、提醒、指示、警告或命令。掌握了安全色标的知识可以使我们避免进入危险场所或做有危险的事；一旦遇到意外紧急情况时，就能使我们及时地、正确地采取措施，或安全撤离。在日常工作中也可以经常提醒我们遵章守纪、小心谨慎，注意安全。

2.3.1.1 安全色

表示安全信息含义的颜色有红、黄、绿、蓝。其中红色表示禁止、停止；蓝色表示指令，必须遵守的规定；黄色表示警告、注意；绿色表示指示、安全状态、通行。

在电气上用黄、绿、红分别代表三个相序，涂成红色的电气外壳是表示外壳带电，灰色表示外壳接地或接零，蓝色代表工作零线，明敷接地扁钢或圆钢涂成黑色。用黄绿双色绝缘导线表示保护零线。直流系统中红色表示正极，蓝色表示负极，信号和警告回路用白色。

为了更加醒目，使用对比色，国家规定的对比色是黑白两种颜色，安全色与对应的对比色是：红—白，黄—黑，蓝—白，绿—白。

安全色的含义与用途见表2-1。

表 2-1 安全色的含义与用途

颜色	含 义	用途举例
红色	禁止、停止，也表示防火	禁止通行、禁止吸烟等
蓝色	指令，必须遵守的规定	必须佩戴个人防护用具；道路上指引车辆和行人行驶方向的指令等
黄色	警告、注意	当心触电、当心坠落等
绿色	提示、安全状态、通行	车间内的安全通道、行人和车辆通行标志等

2.3.1.2 安全线

工矿企业中用以划分安全区域与危险区域的分界线。厂房内安全通道的标示线、铁路站台上的安全线都是属于此列。根据国家有关规定，安全线用白色，宽度不小于60mm。在生产过程中，有了安全线的标示，人们就能区分安全区域和危险区域，有利于人们对危险区域的认识和判断。

2.3.1.3 安全标志

安全标志是提醒人员注意或按标志上注明的要求去执行，保障人身和设施安全的重要措施。安全标志由安全色、几何图形和图形符号构成。其目的是要引起人们对不安全因素的注意，预防发生事故。国家标准规定了 56 个安全标志，从含义来划分可分为四大类，即禁止、警告、指令和提示，并用不同的几何图形来表示。一般设在光线充足、醒目、稍高于视线的地方，包括：禁止合闸，有人工作；禁止合闸，线路有人工作；在此工作；止步，高压危险；从此上下；从此进出；禁止攀登，高压危险。

安全标志牌式样见表 2-2。管道着色和注字标准见表 2-3。

表 2-2 安全标志牌式样

图 例	悬挂处所	式样		
		尺寸/mm	颜色	字样
禁止合闸 有人工作	一经合闸即可送电到施工设备的断路器和隔离开关操作把手上	200×100 和 80×50	白底	红字
禁止合闸 线路有人工作	线路断路器和隔离开关把手上	200×100 和 80×50	红底	白字
在此 工作	室外和室内工作地点或施工设备上	250×250	绿底，中间有直径 210mm 的白圆圈	黑字，书于白圆圈中
止 步 高压危险	施工地点临近带电设备的隔栏上；室外工作地点的围栏上；禁止通行的过道上；高压试验地点；室外构架上；工作地点临近带电设备的横梁上	250×200	白底红边	黑字，有红色箭头
从此 上下	工作人员上下的铁架、梯子上	250×250	绿底，中间有直径 210mm 的白圆圈	黑字，书于白圆圈中

续表

图例	悬挂处所	式样		
		尺寸/mm	颜色	字样
禁止攀登 高压危险	工作人员上下的铁架临近可能上下的另外铁架上、运行中变压器的梯子上	250×200	白底红边	黑字

表 2-3　管道着色和注字标准

序号	介　质	色标	管道注字	注字色标
1	工业水	绿	上水	白
2	井水	绿	井水	白
3	生活水	绿	生活水	白
4	过滤水	绿	过滤水	白
5	循环上水	绿	循环上水	白
6	循环下水	绿	循环回水	白
7	清净下水	绿	清净下水	白
8	消防水	绿	消防水	红
9	消防泡沫	红	消防泡沫	白
10	低压蒸汽＜1.3MPa	红	低压蒸汽	白
11	中压蒸汽 1.3～4MPa	红	中压蒸汽	白
12	高压蒸汽 4～12MPa	红	高压蒸汽	白
13	过热蒸汽	暗红	过热蒸汽	白
14	蒸汽回水冷凝液	暗红	蒸汽冷凝(回)	绿
15	氧气	天蓝	氧气	黑
16	氢气	深绿	氢气	红
17	二氧化碳	黑	二氧化碳	黄
18	氮气	黄	氮气	黑
19	甲醇变换气(或压缩气)	紫	甲醇变换气(或甲醇压缩气)	绿
20	甲醇	棕	甲醇	灰
21	氨	黄	氨(或液氨)	黑
22	煤气等可燃气体	紫	煤气(可燃气体)	白

2.3.1.4　常用电气设备的安全色及安全标志

① 发电机和电动机上应有设备的名称、容量和编号。

② 变压器上应有名称、容量和顺序编号；单相变压器组成的三相变压器除标有以上内容外，还应有相位的标志；变压器室的门上，应标注变压器的名称、容量、编号，周围的遮栏上挂有“止步、高压危险!”警告类标志牌。

③ 蓄电池的总引出端子上，就有极性标志，蓄电池室的门上应挂有“禁止烟火”等禁止类标志。

④ 电源母线 L_1（A）相黄色，L_2（B）相绿色，L_3（C）相红色；明设的接地母线、零线母线均为黑色；中性点接于接地网的明设接地线，为紫色带黑色条纹；直流

母线正极为赭色，负极为蓝色。

⑤ 照明配电箱为浅驼色，动力配电箱为灰色或浅绿色，普通配电屏为浅驼色或浅绿色，消防或事故电源配电屏为红色，高压配电柜为浅驼色或浅绿色。

⑥ 电气仪表玻璃表门上应在极限参数的位置上画有红线。

⑦ 明设的电气管路一般为深灰色。

⑧ 高压线路的杆塔上用黄、绿、红三个圆点标出相序。

2.3.2 发电岗位安全生产技术

电力生产是发、供、用同时进行的，任何一个环节出了故障都会影响电力生产的正常运行。因此，各个电力生产企业和岗位必须特别重视“安全第一，预防为主”的方针，以安全生产为中心，建立健全各项安全规程和安全管理组织，落实安全生产责任制，严格执行安全工作规程，全面普及安全技术，编制并执行反事故措施计划，定期开展安全大检查并做好事故的调查分析和整改工作，尽量将事故消灭在萌芽状态。

要求发电岗位的操作人员务必了解火力、水力发电基本原理及其生产过程中存在的主要危险；汽轮机、水轮机、电气控制与保护等常识；熟悉发电安全管理、保证安全的组织以及技术措施；大坝安全监测相关知识；了解供电生产过程中存在的主要危险，输电、变电、配电保护等常识；熟悉供电安全管理、保证安全的组织措施和技术措施；了解电网运行中存在的主要危险及电网结构、调度、运行方式、通信、保护等常识；熟悉保证安全的组织措施和技术措施，掌握电网安全管理内容。

就发电岗位而言，主要包括水工泵站运行岗位，锅炉运行岗位，水轮机或汽轮机运行岗位，发电机运行岗位，集控运行岗位等的安全生产技术。

2.3.2.1 水工泵站运行安全生产技术

① 运行中不应有损坏或堵塞水泵的杂物进入泵内；

② 水泵的汽蚀和振动应在允许范围内；

③ 多泥沙水源站提水作业期间水源的含沙率不应超过7%；

④ 轴承、填料函的温度应正常，润滑和冷却用的油质、油位、油温和水质、水压、水温均应符合要求；

⑤ 调节水泵的调节机构应灵活可靠，采用液压或机械调节机构还应注意观测受油器温度和漏油等现象；

⑥ 水泵的各种监测仪表应处于正常状态；

⑦ 水泵运行中应监视流量、水位、压力、真空度和运行温度、振动等技术参数；

⑧ 对于投运机组台数少于装机台数的泵站，每年运行期间应轮换开机。

2.3.2.2 锅炉运行岗位安全生产技术

按照国家安全生产监督管理总局的规定，电力生产使用的锅炉属于特种设备之列。为了规范特种设备生产、使用及检验检测的行政许可工作，根据《特种设备安全监察条例》的有关规定，特种设备的设计、制造、安装、改造和维修、使用、作业人员等环节实行行政许可核准和考核，其中各个许可项目的级别、种类以及相应的条件，均根据相应的规章和安全技术规范来确定。

特种设备生产、使用单位应当建立健全特种设备安全管理制度和岗位安全责任制度。特种设备生产、使用单位的主要负责人应当对本单位特种设备的安全全面负责。其中对特种设备使用环节的规定和要求简介包括以下内容。

使用合格的特种设备是保证特种设备安全运行的最基本的条件。特种设备使用单位，应当严格执行《安全生产法》《特种设备安全监察条例》等有关安全生产的法律、行政法规的规定，提高安全管理水平，消除事故隐患，保证特种设备的安全使用。

（1）“三落实”

特种设备使用单位应当在本单位落实特种设备使用的安全管理机构，落实安全管理责任人员，落实各项安全管理规章制度，以保证本单位所使用的特种设备符合安全技术规范的各项要求。

特种设备在投入使用前，使用单位应当核对其是否附有安全技术规范要求的设计文件、产品质量合格证明、安装和使用维修证明及由特种设备检验机构出具的监督检验证明等文件。使用单位获得这些文件资料，一方面便于正确使用特种设备，另一方面也是向特种设备安全监察机构办理使用登记的依据。

特种设备使用单位还应当建立对在用特种设备进行经常性的日常维护保养，并定期自行检查的制度。

由于特种设备在使用过程中的固有特性，新的合格的特种设备在使用了一段时间后会因各种因素产生缺陷，需要不断地进行定期检验并加以必要的修理、维护，这些都需要将各特种设备的设计、制造、安装等原始文件以及使用过程中的各种生产、定期检验和改造维修等记录等作为依据。因此，特种设备使用单位应当建立特种设备安全技术档案，其内容包括：①特种设备的设计文件、制造单位、产品质量合格证明、使用维护说明、监督检验证明等文件以及安装技术文件和资料；②特种设备的定期检验和定期自行检查的记录；③特种设备的日常使用状况记录；④特种设备及其安全附件、安全保护装置、测量调控装置及有关附属仪器仪表的校验以及日常维护保养记录；⑤特种设备运行故障和事故记录。对于这些特种设备的技术档案应长期保存，当使用单位变更时，应随设备移送技术档案。

（2）“两有证”

① 特种设备使用证（电梯称安全检验合格证）。特种设备在投入使用前，使用单位应当向当地特种设备安全监督管理部门进行登记，领取特种设备使用证。登记使用标志置于或附着于该特种设备的显著位置。特种设备必须在经过登记后，方可投入使用。

实行特种设备使用登记制度，是特种设备安全监督管理制度的一项重要内容，它有利于对特种设备的管理和监督。通过登记，可以防止非法设计、非法制造、非法安装的特种设备投入使用，也可以使安全监督管理部门了解特种设备的使用单位的使用环境，建立联系，掌握情况，便于履行职责。

② 特种设备作业人员证。由于特种设备本身具有潜在危险的特点，它的安全性能不但与特种设备本身的质量和安全性能有关，而且与其相关的作业人员的素质、水平以及安全意识有关。为了保证特种设备的安全运行，其相关的作业人员（包括一线操作人员和设备管理人员）必须经过考试，取得相应资格证书后才能从事相应的工作。

特种设备使用单位的作业人员及其相关管理人员，应当按照国家有关规定经特种设备安全监督管理部门考核合格，取得国家统一的特种设备作业人员证书，方可从事相应的作业或者管理工作。特种设备持证作业人员在作业中应当严格执行相关特种设备的操作规程和有关的安全规章制度；特种设备持证作业人员在作业过程中发现事故隐患或者其他不安全因素，应当立即向现场安全管理人员和单位有关负责人报告。企业负责人和管理人员不得指定无证人员上岗操作各类特种设备。

（3）锅炉运行安全技术

电站锅炉、压力容器、压力管道的运行管理应当按照《电力工业锅炉压力容器监察规程》（DL 612—1996）有关规定进行运行管理。发电厂应参照有关规程和典型锅炉运行规程，结合设备系统、运行经验和制造厂技术文件，编制现场锅炉运行规程、事故处理规程以及各种系统图和有关运行管理制度。

锅炉使用单位应加强燃料管理，燃料入炉前应进行燃料分析，根据分析的结果进行燃烧控制与调整，控制合理的过量空气系数和飞灰可燃物。电站锅炉燃用的煤质应基本符合设计要求，燃用与设计偏差较大煤质时，应进行燃烧调整试验，以确定锅炉的安全、经济运行参数。

电站锅炉启动初期应控制锅炉燃料量、炉膛出口烟温，使升温、升压过程符合启动曲线。电站锅炉启停过程中应特别注意锅炉各部位的膨胀情况，做好膨胀指示记录，各部位应均匀膨胀，并应注意监控锅筒壁温差。电站锅炉应平稳地增减负荷，控制负荷变化率。在负荷变化时应使风量先于燃料量的增加，后于燃料量的减少。在整个运行期间应尽量保持燃料空气比在安全范围内。

电站锅炉停炉的降温降压过程应符合停炉曲线要求，熄火后的通风和放水，应避免使受压部件快速冷却。电站锅炉停炉后压力未降低至大气压力以及排烟温度未降至60℃以下时，仍需对锅炉严密监视。

正常运行过程中应注意以下几点。

① 除氧器应按《电站压力式除氧器安全技术规定》的要求，结合实际设备、系统，编制现场运行、维护规程。高压加热器在启动或停止时，应注意控制汽、水侧的温升、温降速度；各类疏水扩容器应有防止运行中超压的措施。

② 锅炉启动、停炉方式，应根据设备结构特点和制造厂提供的有关资料或通过试验确定，并绘制锅炉压力、温度升（降）速度的控制曲线。启动过程中应特别注意锅炉各部的膨胀情况，认真做好膨胀指示记录。锅炉启动初期流过过热器和再热器的蒸汽流量很小或者为零，应控制锅炉燃烧率、炉膛出口烟温，使升温、升压过程符合启动曲线。汽包锅炉应严格控制汽包壁温差。上、下壁温差不超过40℃。

③ 锅炉应平稳地增减负荷，控制增减负荷的速度。在增减负荷时应使风量先于燃料量的增加，后于燃料量的减少。但在整个运行期间应尽量保持燃料空气比在安全范围内。

④ 锅炉燃用的煤质应基本符合设计要求。其低位热值、灰熔点、挥发分、水分和灰分变化不应影响锅炉的安全运行。

⑤ 锅炉停炉的降温降压过程应符合停炉曲线要求，熄火后的通风和放水，应使受压部件避免快速冷却。锅炉停炉后压力未降低至大气压力以及排烟温度未降至

60℃以下时，仍需对锅炉严密监视。

⑥ 锅炉应保持在额定参数内运行，不得随意提高运行参数和出供汽能力。在运行中出现超温超压情况时，应立即记录超温超压的数值和时间，并查明原因采取果断措施处理。

⑦ 设计带基本负荷的锅炉改为调峰运行时，各部位温度、温差的控制及其变化速度、负荷增减的速度、启动和停止时的温度、压力升降的速度等，都应满足有关规程的规定。

⑧ 运行中锅炉保护装置和联锁不得随意退出运行。主保护需要退出检查和维护时，应限定时间并经发电厂总工程师批准，记录退出运行的原因、时间和恢复时间。水位和炉膛压力保护停用后在限定时间内不能恢复时，应停止锅炉运行。保护装置的备用电源或气源应可靠，备用电源或气源亦不应随意退出备用。

⑨ 禁止向已经熄火停炉的锅炉炉膛内排放煤粉仓存粉。由于事故引起主燃料跳闸，熄火后未及时进行炉膛吹扫，应尽快实施补充吹扫。

⑩ 在锅炉运行中，发生受压元件漏泄、炉膛严重结焦、液态排渣锅炉无法排渣、锅炉尾部烟道严重堵灰、炉墙烧红、受热面金属严重超温、汽水品质严重恶化等情况时，应立即停止向炉膛送入燃料，平稳过渡到停止运行。

发生下述情况时，停炉时间由发电厂总工程师确定。

a. 锅炉严重缺水；b. 锅炉严重满水；c. 直流锅炉断水；d. 锅水循环泵发生故障，不能保证锅炉安全运行；e. 水位装置失效无法监视水位；f. 主蒸汽管、再热蒸汽管、主给水管和锅炉范围内连接导管爆破；g. 再热器蒸汽中断（制造厂有规定者除外）；h. 炉膛熄火；i. 燃油（气）锅炉油（气）压力严重下降；j. 安全阀全部失效或锅炉超压；k. 热工仪表、控制电（气）源中断，无法监视、调整主要运行参数；l. 严重危及人身和设备安全以及制造单位有特殊规定的其他情况。

达到停炉条件而不及时停止锅炉运行，造成事故扩大，引起设备重大损坏和人身事故时，应追究有关人员的责任。锅炉、压力容器运行时，禁止任意关闭、切换压力表管上的截止阀、旋塞。

(4) 运行操作人员的保障条件

对锅炉、压力容器运行人员，应按《电业生产人员培训制度》的规定进行安全、技术教育，并在跟班见习，考试合格，取得操作证书后方准独立值班。670t/h 及以上锅炉的运行值班人员，除正常的培训考核外，还应经仿真机培训，取得操作证，并定期经仿真机轮训。

锅炉运行操作人员的基本条件如下：①年满18周岁，身体健康；②掌握所有控制装置的机理和作用；③了解锅炉原理，熟悉锅炉结构和系统；④能以正确的方法进行锅炉点火、启动以及熄火、停炉的操作；⑤能以正确的方法熟练地进行调整、运行和事故处理；⑥掌握锅炉的给水方法，清楚地知道当汽包水位过高或过低时应采取的措施；⑦对于直流锅炉能清楚知道中间点温度的控制方法；⑧对于运行操作亚临界、超临界压力锅炉的主要人员，应具备大专或同等学历。

锅炉运行时，值班人员应认真执行岗位责任制，严格遵守劳动纪律，不得擅自离开工作岗位，不做与岗位工作无关的事。任何领导人员不得强迫运行值班人员违章操作。

(5) 锅炉运行的化学监督

锅炉化学监督的任务是防止水汽系统和受压元件的腐蚀、结垢和积盐，保证锅炉安全经济运行。锅炉的水汽品质应按 GB 12145《火力发电机组及蒸汽动力设备水汽质量标准》和《火力发电厂水汽化学监督导则》(DL/T 561—2013) 的规定执行。

① 对于新安装的锅炉制造厂供应的管束、管材和部件、设备均应经过严格的清扫，管子和管束及部件内部不允许有存水、泥污和明显的腐蚀现象，其开口处均应用牢固的罩子封好。重要部件和管束，应采取充氮、气相缓蚀剂等保护措施。安装单位应按 DJ68《电力基本建设火电设备维护保管规程》(DL/T 855—2004) 的规定进行验收和保管。锅炉正式投入生产前应做好停用保护和化学清洗、蒸汽吹扫等工作。对于管材、管束及设备部件封闭的密封罩，在施工前方允许开启。汽包内部汽水分离装置和清洗装置出厂前应妥善包装、保管和防护，并应采取措施，防止运输途中碰撞变形或遭雨淋而发生腐蚀。锅炉部件制造完毕进行水压试验后，应将存水排净、吹干，并采取防腐措施。

② 新装的锅炉应进行化学清洗，清洗的范围按 SDJJS03《电力基本建设热力设备化学监督导则》(DL/T 889—2004) 的规定执行。对过热器整体清洗时，应有防止垂直蛇形管产生汽塞、铁氧化物沉淀和奥氏体钢腐蚀的措施。未经清洗的过热器、再热器应进行蒸汽加氧吹洗。锅炉经化学清洗后，一般还应进行冷态冲洗和热态冲洗。新建锅炉化学清洗后应采取防腐措施，并尽可能缩短至锅炉点火的间隔时间，一般不应超过 20 天。

③ 锅炉安装、试运行阶段应按《电力基本建设热力设备化学监督导则》(DL/T 889—2004) 搞好化学监督。锅炉停用备用时，应按《火力发电厂停（备）用热力设备防锈蚀导则》(DL/T 956—2005) 采取有效的保护措施。采用湿法防腐时，冬季应有防冻措施。

④ 禁止往锅炉里添加质量不符合标准要求的水。不具备可靠化学水处理条件时，禁止锅炉启动。对额定蒸汽压力为 9.8MPa 以上锅炉进行整体水压试验时，应采用除盐水。水质应满足下列要求：氯离子含量＜0.2mg/L；联氨或二甲基酮肟含量为 200～300mg/L；pH 值为 10～10.5（用氨水调节）。胀接锅炉锅水中的游离 NaOH 含量，不得超过总含盐量（包括磷酸盐）的 20%。为了防止锅炉的碱性腐蚀，当采取协调磷酸盐处理时，锅水钠离子与磷酸根离子的比值，一般应维持在 2.5～2.8《电力工业锅炉压力容器监察规程》(DL 612—1996) 第 10.15 条。采用喷水方式对锅炉进行减温时，减温水质量应保证减温后的蒸汽钠离子、二氧化硅和金属氧化物的含量均符合蒸汽质量标准。

⑤ 运行过程中，应按《化学监督制度》(SD 259—1988) 和《火力发电厂水汽化学监督导则》(DL/T 561—2013) 的规定做好各项工作。建立加药、排污及取样等监督制度，保持正常的锅内、炉外水工况，健全锅炉化学监督的各项技术管理制度和各种技术资料，进行热化学试验和汽水系统水质查定，努力降低汽水损失。饱和蒸汽中所含盐类在过热器管内聚集会影响过热器安全运行，必要时应安排过热器反冲洗。水汽取样装置探头的结构形式和取样点位置应保证取出的水、汽样品具有足够的代表

性，并应经常保持良好的运行状态（包括取样水温、水量及冷却器的冷却能力），以满足仪表连续监督的需要。

⑥ 锅炉运行一段时间后，应进行化学清洗，具体程序和允许的间隔时间按《火力发电厂锅炉化学清洗导则》（DL/T 794—2012）规定执行。应定期割管检查受热面管子内壁的腐蚀、结垢、积盐情况。采用酸洗法进行锅炉化学清洗时，应注意不锈钢部件（如节流圈、温度表套、汽水取样装置等）的防护，防止不锈钢的晶间腐蚀。对于额定蒸汽压力＞5.9MPa 的锅炉，在系统设计时应考虑：清洗设备的安装场地和管道接口；清洗泵用的电源；废液排放达到合格标准应具备的设备和条件。

⑦ 为防止锅炉酸性腐蚀，当锅炉水 pH 值低于标准时，应查明原因采取措施。凝汽器有漏泄时应及时消除，并密切注意给水水质。一旦发现水冷壁与火侧内壁有腐蚀迹象时，应采取预防措施，并缩短割管检查的时间间隔。

（6）检验与应急预案

所有特种设备在运行中，会由于腐蚀、疲劳、磨损等原因，随着使用时间的增加而产生一些新的缺陷，或者原来允许使用的一些小缺陷慢慢扩大而产生事故隐患，通过定期检验可以及时地发现这些缺陷，以便及时采取措施进行处理，保证特种设备能够安全地运行到下一个检定周期。特种设备使用单位应当按照安全技术规范的定期检验要求，在安全检验合格有效期届满前一个月向经国家质检总局核准的特种设备检验检测机构提出定期检验要求。特种设备在运行过程中，会因为各种情况发生一些故障和异常情况，不及时消除，就可能引发事故。使用单位对此必须进行认真的处理，应该停止运行的必须停止运行，绝不能带病工作，并且要落实进行认真的检查，必要时应安排进行检验检测，查找故障，待故障或异常现象消除后再投入运行。

不同的特种设备其定期检验周期在各个安全技术规范中都有详细规定。未经定期检验或者检验不合格的特种设备，不得继续使用。

特种设备出现故障或者发生异常情况，使用单位应当对其进行全面检查，消除事故隐患后，方可重新投入使用。若发现特种设备出现严重事故隐患，无改造、维修价值，或者超过安全技术规范规定的使用年限，特种设备使用单位应当及时予以报废，并向原登记的特种设备安全监督管理部门办理注销。

特种设备使用单位还应当制定针对所使用设备及其装置的事故应急措施和救援预案，落实各项事故预防措施、出现事故时的应急救援以及紧急报告措施，最大限度地减少事故造成的人员伤亡和财产损失。应急预案包括两个方面，一是要制定措施，按照特种设备使用的实际情况，建立在出现紧急情况时或发生事故时的应对措施、处理办法和程序、各部门和人员的责任计划和安排；二是要按照所制定的措施，定期进行演习，保证能够在紧急情况下，有条不紊地及时采取有效措施，将事故损失减少到最低程度。

2.3.2.3 水轮机运行岗位安全生产技术

在江河上，修建水工建筑物，抬高水位，集中水头，形成落差，并将水引导输送到水轮机，让水轮机旋转做功，带动发电机发电。由此可知，水力发电过程中的主要危险因素有：大坝溃决、设备损坏、机械伤害、触电伤害、违章作业、误操作事故、物体打击、高空坠落、淹溺、火灾等。

水电厂的水轮机与火电厂的汽轮机在电力生产过程中的作用是类同的，是把大坝中水的静压能或者锅炉产生的蒸汽的热能转变成驱动发电机运转的机械能。因而水轮机与汽轮机岗位的安全生产技术也是相通的，见“2.3.2.4 汽轮机运行岗位安全生产技术”的介绍。

2.3.2.4 汽轮机运行岗位安全生产技术

汽轮机的运行属于热力系统设备运行，热力系统设备运行值班人员必须经过专业培训，并经有关部门组织的上岗考试，合格后方可上岗工作。

热力系统设备运行值班人员必须熟悉所管辖的设备的作用、构造、性能及各种运行工况参数指标，熟悉热力系统运行方式。值班人员工作服要符合要求，操作时戴好手套，接触热设备时不能用手直接接触，防止烫伤。操作电动阀门时，在电动位置时操作手轮要退出电动位置，防止手轮转动碰伤手和身体其他部位。监督无关人员，不能靠近热力设备和在热力设备周围逗留，不允许在热力管道、设备上站立和行走。操作疏放水门时，要做好防烫伤的防护。检查或擦拭设备时，手脚或身体任何部位不能接触设备的转动部位，防止发生机械伤害事件。不允许运行中清扫擦拭转动部位的脏物或污垢。设备漏出的油污要及时清扫干净，防止操作时滑倒伤人。不能用潮湿的抹布擦拭仪表操作盘，防止由于潮湿造成设备短路或人身触电。禁止任何无关人员靠近设备和仪表盘等。

热力系统设备、阀门、管道应有清晰正确的设备铭牌、开关方向、介质流向彩环。

(1) 汽轮机设备启动和停机过程中的安全技术

火力发电过程中，汽轮机在启停和工况变化时，蒸汽与汽缸、转子等金属部件进行强烈的热交换。在启动和加负荷过程中，蒸汽温度高于金属部件内部温度，蒸汽将热量传给金属部件，使之温度升高；在停机和减负荷过程中，蒸汽温度低于金属部件的内部温度，蒸汽冷却金属部件，使之温度下降。由于蒸汽与金属部件存在着温差，在热交换过程中，金属部件会产生热应力、热膨胀和热变形。因此，在汽轮机设备启动时务必做好启动前的准备工作，启动时应注意以下几点。

① 启动时如果速度级压力达到0.05MPa（表压力），而转子不转动，应迅速打开危急保安器，关闭自动主汽门手轮，禁止启动汽轮机，直到查明原因。

② 当转子转动后，盘车应自动脱开。随后立即检查汽轮机内部声音、膨胀、振动，各轴承油流、油压是否正常。

③ 在对汽轮机转速提升时，应注意调速器的动作转速，必须迅速通过临界转速，在任何情况下都不允许停留在临界转速上。

④ 调整汽门动作时，应注意自动主汽门后汽压保持缓慢上升，及时调整汽封进汽量，倾听汽轮机的内部声音。

⑤ 停机时，要注意机组振动、串轴、膨胀、冷油器、发电机风温的变化情况，关注轴封供汽压力和凝汽器真空的变化，并及时进行调整。

⑥ 在下列情况下禁止发电机解列：因调速汽门卡涩或卡住时，负荷减不到零；调速系统工作失常，负荷减不到零。

(2) 汽轮机正常运行时的安全生产技术

① 认真监看，及时操作，随时注意各种仪表的指示变化，并采取正确措施保证机组在安全、经济条件下运行。认真、及时、准确填写运行日志。

② 每一小时进行一次抄表记录，做到表面整洁、字迹清晰、及时填报、内容真实、不得涂改；并对仪表读数进行分析，发现和正常值有差别时，应立即查明原因，并采取必要措施。

③ 每天对机组进行清扫，保持汽轮发电机组设备清洁。对汽轮发电机组进行听音、测振，特别是在工况发生变化时。

④ 定期对机组进行巡视，在巡视时应特别注意推力轴承的温度和各轴承的油温、油流及振动情况；汽、水、油系统的严密情况，严防漏油着火等。

⑤ 运行中根据设备具体情况，检查或清扫装在水、油系统中的滤网。根据化学监督要求，定期检查汽轮机油的质量，及时调整各机组汽封抽汽器的工作压力，调整轴封漏汽至凝汽器阀门，保证汽轮机后轴封冒气管有轻微蒸汽逸出，防止漏汽压力过高，蒸汽进入油系统中使油质劣化。

⑥ 汽轮机正常运行时，要对冷油器油温、空冷器风温、冷却塔水温进行检查，保证其运行正常。要保持汽轮机经常在经济状态下运行，一定要保持新蒸汽的温度、压力正常，变动范围不超过允许值。

⑦ 汽轮机的带负荷运行，是电力生产过程中最重要和最经常遇到的环节之一。带负荷运行中的日常维护，是汽轮机运行人员经常性的工作。在运行中正确执行规程，认真操作、检查、监视、调整是保证汽轮机设备安全经济运行的前提。带负荷安全注意事项：检查汽轮机发电机本体及各轴承振动情况；检查汽轮机内部声音；检查轴向位移、膨胀指示及各部位的压力和温度。

2.3.2.5 发电机运行岗位安全生产技术

（1）发电机的启动

① 发电机启动前先将水轮机或汽轮机空载启动，运转平稳后再启动发电机。必须认真检查各部分接线是否正确、电刷是否正常、压力是否符合要求，其传动部分应连接可靠，输出线路的导线绝缘良好，各仪表齐全、有效。启动前将励磁变阻器的阻值放在最大位置上，断开输出开关，有离合器的发电机组应脱开离合器。

② 启动后，应低速运转3～5min，待温度和机油压力均正常后，方可开始作业。发电机在升速中应无异响，滑环及整流子上电刷接触良好，无跳动及冒火花现象。待运转稳定，频率、电压达到额定值后，方可向外供电。

（2）发电机的正常运转

① 发电机开始运转后，应随时注意有无机械杂声、异常振动等情况。确认情况正常后，调整发电机至额定转速，电压调到额定值，然后合上输出开关，向外供电。负荷应逐步增大，力求三相平衡。运行中出现异响、异味、水温急剧上升及机油压力急剧下降等情况时，应立即停机检查并排除故障。

② 发电机的功率因数不得超过迟相（滞后）0.95，频率值的变动范围不得超过0.5Hz。准备并联运行的发电机必须都已进入正常稳定运转。发电机并联运行必须满足频率相同、电压相同、相位相同，相序相同的条件才能进行。接到“准备并联”的信号后，以整部装置为准，调整水轮机或汽轮机的转速，在瞬间同步合闸。并联运行

的发电机应合理调整负荷，均衡分配各发电机的有功功率及无功功率。有功功率通过水轮机或汽轮机的转速来调节，无功功率通过励磁调节。

③ 并联运行的发动机如因负荷下降而需停车一台，应先将需要停车的一台发电机的负荷全部转移到继续运转的发电机上，然后按单台发电机停车的方法进行停车。如需全部停车则先将负荷切断，然后按单台发电机停机办理。

④ 运行中应密切注意发电机的声音，观察各种仪表指示是否在正常范围之内。检查运转部分是否正常，发电机温升是否过高。并做好运行记录。

(3) 发电机的停机操作

发电机停机前应先切断各供电分路主开关，逐步减少荷载，然后切断发电机供电主开关，将励磁变阻器复回到电阻最大值位置，使电压降至最低值，再切断励磁开关和中性点接地开关，最后停止水轮机或汽轮机运转。

(4) 发电机的护理和检修

① 发电机在运转时，即使未加励磁，亦应认为带有电压。禁止在运行着的发电机引出线上工作以及用手触及转子或进行清扫。运转中的发电机不得使用帆布等物遮盖。机房内一切电器设备必须可靠接地；机房内禁止堆放杂物和易燃、易爆物品；除值班人员外，未经许可禁止其他人员进入。房内应设有必要的消防器材，发生火灾事故时应立即停止送电，关闭发电机，并用二氧化碳或四氯化碳灭火器扑救。

② 运行人员应加强对发电机开关的监视和巡回检查，检查开关液压操作机构和绝缘拉杆部分应良好，发现异常及时联系检修人员处理。

③ 发电机经检修后必须仔细检查转子及定子槽间有无工具、材料及其他杂物，以免运转时损坏发电机。

2.3.2.6 集控运行岗位安全生产技术

为了有效防止电气设备运行中的误操作引发人身和重大设备事故，结合中外电力安全运行的实践，在电力生产中凡有可能引起误操作的高压电气设备均应装设防误装置和相应的防误电气闭锁回路。目前，国内主要采用单站安装微机防误闭锁装置或电气闭锁如电磁锁等。

集控就是集散控制（Distributed Control System，DCS），集控运行岗位负责发电厂里主要设备的操作、检查、参数记录、事故处理，全厂的生产活动都服从于集控运行。因此，集控运行岗位是很多工厂中非常重要的岗位。集控运行岗位从高到低主要有：值长、单元长、机组长、主值班员、副值班员、巡检员。

发电厂一般设置一套集散控制系统（DCS），实行集中操作与各工段分散控制相结合的系统运行模式。由一台工程师站、五台操作站、一台资料档案站、五台过程处理中心组成。控制系统通信拥有现代高速的以太网（10/100LAN），冗余的通信设备，总的设计I/O点数包括两条生产线、水（汽）轮发电机、中低压电气系统及公用系统都有各自独立的控制器，每个焚烧线安装了七个远程I/O（输入/输出）站，一个水（汽）轮发电机远程I/O（输入/输出）站，一个远程I/O（输入/输出）站控制公用系统，中低压电气的信号单独处理。实现生产过程状态监视、运行操作、过程控制、事件报警、运行联锁、安全保护，完成数据采集（Date Acquisition System，DAS）、模拟量控制（Modulation Control System，MCS）、顺序控制（Sequence

Control System，SCS）和联锁保护（PRO）等系统功能。

集控运行岗位安全生产技术首先要保证自动化系统运行正常；其次做好每日的参数存盘和分析等工作，防患于未然。当发现参数异常的时候一定要及时分析和处理，否则会出大问题。另外机组安全不是一个人能完成的，一定要有一支强大的队伍。

2.3.3 送变电岗位安全生产技术

为了确保变电站的安全运行，在操作二次回路上设置电气闭锁或装设微机防误闭锁系统，已成为防止误操作等事故发生的有效而可行的手段。

2.3.3.1 变压器运行前的安全技术

变压器投入运行前应对以下项目进行检查：①分接开关位置；②绝缘电阻；③接地线；④油位。

2.3.3.2 变压器运行中的安全技术

变压器投入运行后应定期巡视检查，并应符合下列要求。

① 储油柜和充油套管的油位、油色均正常，且无渗漏油现象。储油柜与瓦斯继电器间连接阀打开，套管外部清洁、无破损裂纹、无放电痕迹及其他异常现象。

② 变压器本体无渗油、漏油，吸湿器完好，硅胶干燥，各冷却器温度相近，油温正常，管道阀门开闭正确。

③ 引线接头、电缆、母线无发热征兆，安全气道及保护膜完好，瓦斯继电器内无气体。

④ 变压器运行音响正常，风扇旋转正常。

⑤ 变压器室环境符合设备保养和运行的要求。

⑥ 无人值守的变压器定期检查，并记录电压、电流和上层油温。

⑦ 配电变压器应在最大负荷期间测量其三相负荷，如发现其不平衡值超过规定时，应重新分配。

⑧ 油浸式变压器上层油温不宜超过85℃，最高油温不应超过95℃。

⑨ 干式变压器铁芯表面及结构零件表面的允许最高温升不得超过接触绝缘材料的允许最高温升，绕组允许最高温升不得超过75℃（E级绝缘）、80℃（B级绝缘）和100℃（F级绝缘）。

2.3.3.3 电力电缆及其他电气设备安全技术

① 通过电缆的实际负荷电流不应超过设计允许的最大负荷电流。

② 电缆线路应定期进行巡视，检查测量电缆的温度，并做好巡视测量记录。

③ 高压配电装置的运行应符合制造厂规定的技术条件，投入运行后应检查母线接头有无发热，运行是否正常。

④ 对继电保护动作时的掉牌信号、灯光信号等，运行人员必须准确记录清楚。

⑤ 油、气、水系统中的管道和阀件，应按规定涂刷明显的颜色标志。

2.3.4 电力施工岗位安全生产技术

2.3.4.1 大坝施工安全技术

大坝施工的主要程序是：施工围堰的填筑、基坑排水、坝基覆盖层开挖、岩石开挖、两岸坝肩开挖、处理高边坡以及大坝混凝土浇筑、金属结构安装等。

（1）围堰施工安全技术

围堰是为大坝或厂房施工而修建的辅助工程，围堰的标准由主体建筑物的等级和使用年限而定。

在围堰施工中特别是在截流龙口合龙时，由于河床的逐渐缩窄，河道内的水流速度加快，需要抛掷大块石，或者多面体混凝土块，防止填筑物被急流冲走。在围堰的施工中，由于场地狭窄、人员多、车辆多，现场要统一指挥，协调行动，防止出现意外情况。围堰合拢后还需在围堰的临水一面填筑黄土，提高围堰的防渗作用。

在围堰填筑作业面上工作的人员除按规定穿戴好劳动保护用品外，还必须穿救生衣，准备好救生圈，防止溺水事故的发生。

（2）大坝开挖安全技术

① 土石方开挖应自上而下分层进行，分层的厚度应根据地质条件、出渣道路、施工部位、开挖规模、钻机的性能、开挖断面的特征、爆破方式、运输设备的能力等综合研究确定。

② 开挖爆破的技术要先进可靠、经济合理、爆破时不致损坏基础和危及附近建筑物的安全。爆破参数选择合理，爆破后边坡稳定。坝基部位不得采用洞室爆破。

③ 高边坡开挖要避免二次削坡，以预防在二次削坡中施工难度增加而发生人员伤亡事故。在设有锚杆、锚索或喷混凝土支护的高边坡，每层开挖完成后需立即进行喷锚支护，以保证边坡稳定和安全。

④ 在高边坡的顶部必须设排水沟，确保施工不受影响。在高边坡施工时的作业人员必须拴安全带和戴安全帽。在高边坡施工中，增设一定数量的观测设备，随时测定边坡的稳定情况，有滑坡迹象，必须及时采取措施，确保施工安全。

⑤ 高边坡施工的安全注意事项：确保边坡稳定，避免产生滑坡；及时做好撬挖和清除浮石的工作，防止落石伤人；做好喷锚支护，使岩体不再因外露而风化；在高边坡的顶部要设挡渣墙，防止山顶浮石滚落伤人；防止施工人员从高边坡坠落。

（3）灌浆工程施工安全技术

① 每段灌浆必须连续灌注，不得中途停顿。灌浆前除应对机械、管路系统进行认真的检查外，还必须进行 10～20min 该灌注段最大灌浆压力的耐压试验。对高压调节阀应设置防护设施。

② 必须按规定落实防尘措施，正确穿戴防尘劳保用品。

③ 压力表的使用范围应在其最大刻度的 1/4～2/3 之间，并应经常核对，超出误差允许范围时应马上调换压力表。

④ 用拌和机搅和水泥砂浆时，必须先注水，待正常开动后再加水泥。中途处理故障时，必须将传动皮带卸下。

⑤ 灌浆过程中，必须安排专人全神贯注观察压力表示值的变化，防止压力值突升或者突降。

⑥ 如果发生水泥浆栓塞灌浆下孔，产生阻滞现象，必须掏出泥浆后进行扫孔，不准强行灌浆。

⑦ 在运转中，安全阀必须确保额定负荷下动作。一旦校正后不得随意转动。安

全压力以指针最大值为准。

⑧ 调节高压阀门和检查各缸阀盖、阀门时，必须减压进行，并戴上防护眼镜。

⑨ 对曲轴箱和缸体进行检修时，不得一手伸进试探，一手扳工作轮同时进行；更不准两人同时进行。

2.3.4.2　引水隧洞施工安全技术

① 引水隧洞的开挖施工，一般采用钻爆法施工。爆破要优先考虑光面爆破和预裂爆破，开挖循环作业进尺值的选择要合理适中。

② 引水隧洞开挖施工要及时喷锚支护，跨度较大的洞室顶拱、高边墙及洞口边坡不稳定岩体须采用锚杆或预应力锚索加固；加固相邻洞室间的岩体采用对穿式锚索。

③ 引水隧洞的爆破安全规定：爆破材料应符合施工使用条件和国家规定的技术标准。每批爆破材料使用前，必须进行有关的性能试验；进行爆破时，人员要撤至安全地带，单向开挖隧洞，安全地带离爆破面距离不应小于200m；洞室群几个工作面同时放炮，应有专人统一指挥，确保爆破作业人员安全；相向开挖两个工作面在相距30m或5倍洞径距离放炮时，双方人员均需撤离工作面，相距15m时，应停止一方作业，单向开挖贯通。

④ 引水隧洞施工必须安装通风除尘设施，确保洞内空气符合国家卫生标准。要采用湿式凿岩法施工。

2.3.4.3　架空电力线路施工安全常识

① 对从事电工、金属焊接与切割、高处作业、起重、机械操作、爆破（压）、企业内机动车驾驶等特种作业施工人员，必须进行安全技术理论的学习和实际操作的培训，经有关部门考核合格后持证上岗。

② 对新入厂人员必须进行三级安全教育培训，经考试合格后持证上岗。

③ 试验和应用新技术、新工艺、新设备、新材料（包括自制工器具）之前，必须先制定安全技术措施，经总工程师批准后执行。

④ 施工必须有安全技术措施，并在施工前进行交底和做好现场监护工作，已交底的措施，未经审批人同意，不得擅自变更。

⑤ 主要受力工器具应符合技术检验标准，并附有许用荷载标志。使用前必须进行检查，不合格者严禁使用，严禁以小代大，严禁超载使用。

⑥ 各种锚桩应按技术要求布设，其规格和埋深应根据土质经受力计算而确定。立锚桩应有防止上拔或滚动的措施，不得以已组立好或已运行的杆塔作锚桩。

⑦ 严禁违章作业、违章指挥、违反劳动纪律；对违章作业的指令有权拒绝，施工人员有权制止他人的违章行为。

⑧ 对无安全措施或未经安全技术交底的施工项目，施工人员有权拒绝施工。

⑨ 施工人员严禁酒后作业。

⑩ 进入施工区的人员必须正确佩戴安全帽。

⑪ 施工人员必须正确配用个人劳动保护用品。

⑫ 遇有雷雨、暴雨、浓雾、沙尘暴、六级及以上大风时，不得进行高处作业、

水上运输、露天吊装、杆塔组立和放紧线等作业。

⑬ 遇有雷雨、闪电、大雾、黑夜，严禁爆破施工。

⑭ 夏季、雨季施工时，应做好防台风、防雨、防泥石流、防暑降温等工作。

⑮ 在霜冻、雨雪后进行高处作业，应采取防滑措施和防寒、防冻措施。

⑯ 施工现场必须按规定配置和使用送电施工安全设施。

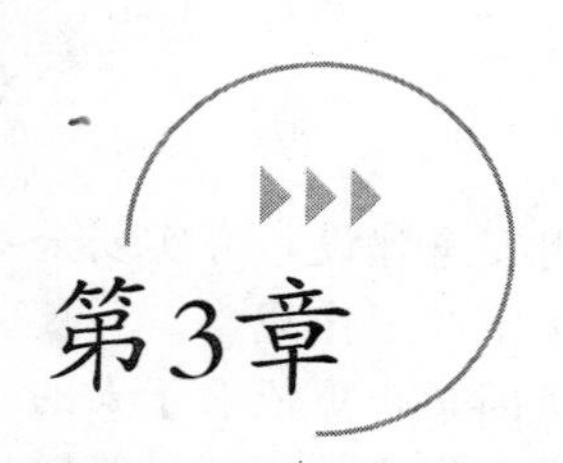

第3章 电力企业生产中的班组安全建设

车间班组是企业的组成细胞，是企业最基层的组织和作业单位，也是企业职工从事生产活动和参与管理的重要场所，因而也是企业活力的源头。车间班组也是连接企业和职工的纽带，是培育职工、激励人才最重要的阵地。

车间班组在企业管理方面的特点有以下几点。

① 结构小。车间班组是企业的最基层单位，也是企业经济管理活动的最小组织。

② 管理全。车间班组是企业民主管理的落脚点，所有关于安全、生产、质量、工艺、劳动纪律等企业管理内容最终都要落实到车间班组，也要通过车间班组来实施。

③ 工作细。车间班组在企业系统中虽然只是一个很小的局部，但它却是不可缺少的一环，一个车间班组完不成任务，会影响整个企业工作的连续性、衔接性和任务的完成，因而车间班组工作既要严，更要细，细到每一个人、每一件事都要处理周全。车间班组工作非常具体，细节决定成败，因此，车间班组是企业活力的源头。假如由于细节上的疏忽，造成机毁人亡的惨案，也可能造成产品的报废和生产运行的中断等。

④ 任务实。车间班组是企业生产经营管理的第一线，企业的产品都要经过车间班组才能生产出来，企业的经济效益要通过车间班组来实现，下达给班组的各项任务必须一丝不苟地完成，企业所有管理内容最终都要落实到车间班组。因此，车间班组工作必须踏踏实实，讲实话，干实事，注重协作，依靠全车间班组的力量共同完成任务。

⑤ 群众性。车间班组管理工作是群众性很强的活动，它是职工的职业之小家，需要车间班组负责人紧密团结大家，集中大家的智慧和力量才能充分发挥其护人和育人作用。

3.1 班组安全责任制与管理

3.1.1 车间班组在企业安全生产中的作用

车间班组对企业的安全生产起着基础、关键和根本性的作用，具体表现在以下几方面。

3.1.1.1 车间班组是安全生产之基

车间班组是各项安全生产规章制度的执行层，抓好车间班组安全建设，夯实安全生产基础，使事故预防的能力体现在基层，是企业确立长期安全生产工作战略。

决定一个企业安全生产状况的因素，既涉及技术因素、环境因素，更依靠于人的因素。企业安全生产的根本保障是车间班组、是职工。而企业安全生产的实现最终要落实到现场单元作业，要依靠班组和职工的安全作业和操作来实现。职工的安全素质决定企业安全生产水平的高低，车间班组的安全生产状态决定着企业安全生产的效能，职工和车间班组是安全生产管理木桶理论中的"最短板"。

按照安全管理的"人本原理"，安全生产必须把人的因素放在首位，体现"以人为本、生命为本"。做好安全生产工作，有效预防和避免事故与职业病的发生，充分保护人的生命安全与健康，这既是安全生产的目的，也是安全生产的手段。安全生产首先需要"一切依靠人"，更是"一切为了人"。生产经营单位的安全生产活动是以人的生命安全健康为目的的。职工既是安全生产的主体——保护者，又是安全生产的客体——被保护者。车间班组处在最基本的层次上，因此，作为安全生产的主体，车间班组要带领职工实现生产过程的安全；同时，作为安全生产的客体，安全生产的目的是保护车间班组每一位职工的生命安全与健康。企业的目标是为了谋求最大的效益，但如果没有人的生命安全保障，效益和价值就失去了意义。车间班组安全决定企业生产的命运，车间班组生产过程和作业过程的安全是一切安全生产工作的归宿。安全生产对于车间班组负责人和车间班组成员个人来讲，既是人生平安、家庭幸福的要求，也是保证经济收入和生活质量的重要前提。因此，车间班组实现安全生产最终归宿是职工生命安全，实现职工和生产的价值。车间班组是安全生产的最基本单元。

3.1.1.2 车间班组是事故发生的关键点

通过对生产企业所发生大量事故资料统计分析，事实表明98%的事故发生在生产车间班组，其中80%以上直接与人员有关。安全生产的好坏是企业诸多工作的综合反映，是一项复杂的系统工程，只有车间班组负责人的积极性和热情不行，仅有部分职工的积极性和热情也不行，因为个别职工、个别工作环节上的马虎和失误，会使企业的安全生产业绩毁于一旦。因此，企业安全管理工作必须将着眼点放在车间班组，使功夫着力到施工现场，把措施落实到每个岗位和职工操作的每一个具体作业细节。

由于事故发生具有偶然性和突发性，习惯性违章作业不一定都造成事故，即使造成事故也不一定是重伤和死亡，而且违章行为有时会给违章者带来某些"窃喜"，如省时省力、提高生产效率等。违章者在主观上并不认为自己的行为是违章，相反却认为自己的行为是正确的。因此，各级安全管理人员只有不懈地努力纠正违章，对每一次违章都"小题大做"，才能做到未雨绸缪。为此，首先要以落实车间班组的安全措施为重点，避免形式主义和做表面文章，防止"一级应付一级"和"走过场"，必须集中精力和资源对那些危害大、涉及面广的违章作业进行整治。车间班组负责人要深入生产、施工一线，运用看、听、查、找、帮的手段，采取普遍查与重点查，反复查与跟踪查，突出查与持久查相结合的方式，以至采用违章报警、视频监测、行为记录仪等技术措施，全面掌握车间班组现场安全生产的现状，对安全生产工作做到心中有数。

3.1.1.3　**车间班组是安全生产之本**

生产车间班组是执行安全规程和各项规章制度的主体，是贯彻和实施各项安全要求和措施的实体，更是杜绝违章操作和杜绝重大人身伤亡事故的本体。因此，生产车间班组是安全生产的前沿阵地，车间班组负责人和车间班组成员是阵地上的组织员和战斗员。企业的各项工作都要通过车间班组去落实。国家安全法规和政策的落实，安全生产方针的落实，安全规章制度和安全操作程序的执行，都要依靠和通过车间班组来实现。反之，假如车间班组的安全生产措施落实不到位、规章和制度得不到执行，将会成为事故发生的土壤和温床。

企业安全生产工作涉及多因素、多层次，但是，车间班组是企业安全生产管理的落脚点。各级企业领导，特别是车间班组负责人要重视车间班组安全建设，加大管理力度，投入安全情感，通过管理与监督配合、约束与激励结合的综合对策，增强车间班组安全生产的保障水平，从根本上提高事故预防的标准和能力。

在企业的生产经营过程中，安全与生产发生矛盾和冲突是客观的，能否处理好安全与生产的关系，关键在车间班组。安全生产工作标准的高低、质量的好坏，最终取决于车间班组；事故预防和事故应急的有效性，体现在车间班组。尤其是当车间班组生产任务较重，安全与效率、安全与速度、安全与成本发生矛盾时，如果车间班组负责人和职工“安全第一”的思想不牢固，安全意识不强，必然会出现“生产成为硬指标，安全变成软指标”，进而出现“三违”的现象，从而加大事故发生的可能性，增大生产事故发生的风险。生产过程中无数次事故教训表明，事故发生的主因在现场、在车间班组。因此，搞好安全生产，关键在于车间班组，车间班组是安全生产之本。

3.1.2　电力企业班组安全责任制

安全生产责任制是电力企业岗位责任制和经济责任制的重要组成部分，建立健全安全生产责任制是把企业安全工作任务落实到每个工作岗位的基本途径，加强班组安全责任制是落实好整个企业安全责任的关键所在。通过建立健全班组安全生产责任制，明确规定班组成员在安全工作中的具体任务、责任和权利，做到一岗一责，安全工作事事有人管、人人有专责、办事有标准、工作有检查，职责明确、功过分明，形成一个严密高效的安全管理责任系统。

3.1.2.1　**安全生产目标**

安全生产目标是落实安全责任制的前提。班组安全生产目标的管理，是整个班组安全生产建设的重要组成部分。只有把班组安全生产目标确定并实现了，才能在整个企业的安全生产创建中显示出活力，进而确保企业安全生产总体目标的实现。

通常，班组安全目标是依据企业各个年度的生产、经营任务和品牌目标的实际情况，经过车间、工区段合理地层层分解、最后确定并落实到每个班组直至每位成员的日常工作上。在制定和分解目标时，要把安全目标和经济发展指标关联在一起同时制定和层层分解，还要把责、权、利也逐级分解，做到目标与责、权、利并行。通过开展一系列组织、协调、指导、激励、控制活动，依靠全班人员的共同努力，确保班级目标达标，最终保障企业总安全目标的实现。因此，班组长必须自觉按照目标管理的要求制定明确、科学的小组目标，提出具体、可行的措施，通过指挥、指导、检查、控制和评价班组及其成员的安全工作，不断提高班组安全目标管理水平。

车间班组的年度安全目标项目一般包括下列几个方面：①各类工伤事故指标。依据《企业职工伤亡事故分类标准》（GB 6441—1986），工伤事故主要的指标有千人死亡率、千人重伤率、伤害频率、伤害严重率。②工伤事故造成的经济损失指标。根据《企业职工伤亡事故经济损失统计标准》（GB 6721—1986），这类指标有千人经济损失率和百万元产值经济损失率，也可以只考虑直接经济损失，以直接经济损失率作为控制目标。③尘、毒、噪声等职业危害作业点合格率。④日常安全管理工作指标。对于车间班组安全管理的组织机构、安全生产责任制、安全生产规章制度、安全教育、安全检查、文明生产、隐患整改以及“五同时”等车间班组日常安全管理工作的各个方面均应设定目标并确定目标数值。

3.1.2.2 履行安全生产岗位职责

贯彻安全生产责任制是班组安全管理之魂，履行班组岗位安全职责是实现班组安全的基本保证。有关班组长和生产岗位员工安全职责已在第2章的“2.2.3 电力企业安全生产责任制”中述及，此处无需赘述。车间班组贯彻安全生产岗位职责的基本环节有以下几方面。

（1）提高认识

车间班组安全生产责任制能否认真贯彻执行，取决于车间班组负责人以及职工对安全生产的思想认识程度。如果对安全生产的认识正确而且深刻，就能高度重视操作过程中的安全和健康，认真执行安全生产责任制；反之，对安全生产认识片面，对职员的安全健康漠不关心，安全生产责任制就建立不起来；即使已经建立了，也难以落实执行。

（2）严格执行

车间班组安全生产责任制一旦颁布后，班组职员都要严格实施执行，特别是车间班组负责人都要带头执行。在执行过程中还要随着生产过程的发展和职工认识的深化，不断修改和完善。

（3）及时检查

车间班组负责人和安全职能人员应经常或定期检查安全生产责任制的贯彻执行情况，发现问题，及时解决。对执行好的单位和个人，应当给予表扬；对不负责任或者由于失职而造成工伤事故的，应当给予批评乃至处罚。检查的形式和方法很多，有的结合开展安全活动（或各种专业检查）进行检查，有的结合日常生产活动进行检查，有的结合分析处理工伤事故时，发动群众进行全面检查等。

（4）认真监督

在制定安全生产责任制时，要充分发动群众参加讨论，广泛听取群众意见。制度颁布后要使人人都明了，以便于群众自我对照执行，同时还应接受上级安技部门的例行和随时的检查监督。

（5）加强考核

实践证明，车间班组落实各级安全生产责任制，必须制定两个责任制（安全生产责任制和经济责任制）的考核办法，对安全管理情况进行全面的责、权、利考核。

3.1.3 班组安全生产管理中的“两票三制”

“两票（工作票、操作票）三制（交接班制、巡回检查制、设备定期试验轮换制）”是电力安全生产保证体系中最基本的制度，是在电力生产实践中不断探索和总结得到的宝贵经验。国家电网公司在《安全生产工作规定》（国家电网总［2003］407号）中第33条规定：发电、供电企业及在发供电企业内工作的其他组织、个人必须按规定严格执行“两票三制”和设备缺陷管理等制度；施工作业必须严格执行安全施工作业票和安全交底制度。“两票三制”的作用绝不仅仅是在人为责任事故发生之后，进行案例分析和追查事故责任的依据，其核心作用是在加强安全规程规定培训的基础之上，通过明确各级人员的安全职责，强化工作责任心、安全意识、自我保护意识，认真执行作业前技术和安全交底，规范作业人员行为，在整个作业过程中落实各项安全措施，有效防范触电、高处坠落等人身伤亡事故和各类人员责任事故。

3.1.3.1 工作票

工作票是指批准在电气设备上进行工作的凭证，是工作人员履行工作许可、监护、工作间断、转移及终结手续的书面依据，是不同于口头命令或电话命令的书面命令形式。因此，在电气设备上工作，应填用工作票或事故应急抢修单。事故应急抢修单也属工作票的范畴。

（1）工作票的分类

在电气设备上工作，依据工作地点的不同，可分为两类，即在变电设备上的工作和电力线路上的工作。在变电设备上工作的工作票形式有六种：①变电站（发电厂）第一种工作票；②电力电缆第一种工作票；③变电站（发电厂）第二种工作票；④电力电缆第二种工作票；⑤变电站（发电厂）带电作业工作票；⑥变电站（发电厂）事故应急抢修单。在电力线路上工作的工作票形式也有六种：①电力线路第一种工作票；②电力电缆第一种工作票；③电力线路第二种工作票；④电力电缆第二种工作票；⑤电力线路带电作业工作票；⑥电力线路事故应急抢修单。

（2）工作票的内容

工作票的内容一般包括工作票编号、工作负责人、工作小组成员、工作地点和工作内容，计划工作时间、工作终结时间，停电范围、安全措施，延期、中断，工作许可人、工作票签发人等。其中，工作票（包含动火工作票）签发人、工作负责人、工作许可人的基本要求应符合《安全生产工作规定》中规定的基本条件，每年还应该对上述人员进行考核审查并书面公布。

（3）工作票的使用

工作票的使用过程包括：①工作票的填写；②工作票的签发；③工作票的办理；④工作票的其他要求；⑤工作票使用后的评价。

在班组安全生产管理的日常规程中，对上述各个过程的具体内容，包括填写要求、勘误修正、使用词语和符号、签名要求、办理程序的先后、份数及其收执、票面破损的补救、时效的明确等事项都有规范性规定，对17种不符合规定要求的情况事后评价皆视为“不合格”。因条款甚多，不宜在此一一列出。

3.1.3.2 操作票

操作票是运行操作人员将设备由一种状态转换到另一种状态的书面依据。操作票中的操作步骤具体规定了设备转换过程中合理操作的先后顺序和需要注意的安全事项。认真执行操作票制度是实现电气安全操作的基本要求、防止运行人员发生误操作事故的重要措施。

(1) 操作票的分类

按设备状态转换的性质及应用范围，操作票的种类分为综合操作命令票、逐项操作命令票和电气操作票三种。

(2) 操作票的内容

① 综合操作命令票。当某一倒闸操作的全部过程，仅在一个变电站或发电厂进行，不涉及其他单位时，可使用综合操作命令票。

② 逐项操作命令票。当某一倒闸操作的全部过程，要在两个及以上的操作单位进行，调度应对发电厂、变电站下达逐项操作命令票。

③ 电气操作票。变电站根据调度下达的综合操作指令票的操作任务，或者逐项操作指令票的操作项目，自行按现场运行规程或典型操作票填写的作为现场进行电气操作的依据称为电气操作票。但正式操作必须得到调度发布的操作指令后才进行，并严格履行操作人、监护人、运行值班负责人等的审核签字手续。

(3) 操作票的使用

国家电网公司在《电力安全工作规程》中硬性明确规定：除了事故的应急处理、拉合断路器的单一操作外的倒闸操作，均应使用操作票；事故处理的善后操作也应使用操作票。

操作票的使用过程包括：①操作票的填写；②操作票的执行；③操作票的评价。

有关操作票的填写注意事项、应填入操作票的项目、操作票填写的项目术语、操作票检查项目的填写、操作步骤的顺序、操作票的废止、操作票执行情况的登录以及操作票的签存等事项，根据各个企业、各个岗位工种的不同会有些许差异，这些条款在所在班组的安全生产管理规程中一般也会做细致的规定，在使用操作票的过程中应该严格照章执行。

(4) 操作票的评价

在班组安全生产的日常管理中，对操作票填写、执行中有下列情况之一者统计为不合格票：①填票不规范，或未按规定审查、核对的；②操作票执行前未预先编号的；③未填写操作类型或填写错误，或者操作任务不明确，不正确使用双重编号和调度术语的；④不属于一个操作任务而填写使用同一份操作票的；⑤操作、检查项目遗漏、顺序错误、不该并项的并项，操作票字迹不清、更改不符合要求的；⑥未填接地线编号或填写错误，或者装、拆接地线地点填写不明确的；⑦未按照规定在操作票上记载时间的；⑧对设备名称、编号、拉、合等关键词句发生字迹修改的；⑨操作人、监护人、值班负责人未按规定签名，伪造或代替签名的；⑩已执行的操作票遗失、缺号的。

(5) 工作票、操作票的统计

①各岗位值班负责人应在每日交班前对本值所履行的工作票、操作票进行检查；

②班组长和班组安全员每个周末应对本班组所执行的工作票、操作票的全过程进行检查、整理统计归档；③各部门安全员应经常深入班组对工作票、操作票执行情况进行检查考核，统计其合格率并报安全监察部；④各单位安全监察部每月对工作票、操作票执行情况进行抽查，并对工作票、操作票合格率进行考核、通报。凡在检查中发现履行工作票、操作票有违反国家电网公司《电力安全工作规程》和本企业有关规定者，均视为不合格。

3.1.3.3 交接班制

在电力生产和输送企业里，生产调度和变电运行部门各岗位进行的交接班工作是保证电网和设备不受人员变动因素的影响，确保连续不间断安全可靠运行的基本条件。

（1）交接班制度的基本要求

交接班制度要求接班人员应熟悉现场情况，并能够在接班后立即开展正常的运行工作。在交接过程中进行必要的设备巡检和记录查阅，以便接班人员掌握设备和电网的运行状态，了解在自己休班的期间工作范围内的各种情况变化。进行交接班工作必须严格执行有关规定，依照顺序对交接内容（交代运行方式、操作任务、设备检修情况、发生的异常和设备缺陷、安全用具情况、领导和调度命令等）进行全面准确地交接，组织召开班前会、班后会，细致填写交接班记录。

（2）交接班环节的标准程序

①交接班人员分列两排，面对面站立，由交班值班长按值班记录进行宣读交接。②接班人员应认真听取交接内容，无疑问后，由接班值班负责人进行分工，然后会同交班人员分别到现场检查，检查应全面到位，不留死角。③接班值班负责人首先核对模拟图板（检查核对监控机上的接线图、信号等情况），全面了解一、二次设备的运行方式，试验中央信号，检查各级母线电压、设备负荷及交直流系统运行情况。检查控制室内的控制、保护二次回路设备和主变压器等主要设备，必要时亲自检查全部设备。审查各种记录、工作票、操作票等。④其他接班人员负责检查设备运行情况及工器具、备品备件、钥匙、安全用具、车辆、环境卫生等，并将检查情况汇报值班长。⑤检查完毕后，各自应向值班长汇报检查情况。检查中发现的问题必须详细向交班人员询问清楚。⑥完成以上工作后由接班值班长在交接班记录簿上签名，交接班程序方告结束。⑦交接班时发现接班人员酗酒或神志不清时不得交班，同时向接值班长汇报。⑧接班后，值班负责人应组织本班人员开好班前会，根据系统设备运行及天气等情况，提出本班运行中应注意的事项和事故预想，并布置本班工作。

（3）交接班要衔接的主要内容和检查重点

交接班时，交接双方必须交流的主要内容有：①接班人员从上次下班到本次接班期间本岗位的工作情况；②本岗位管辖范围内设备有无出现缺陷、异常运行、事故处理情况、目前的运行方式、电网系统负荷与潮落情况、值班日志等；③电气操作执行情况及未完成的操作任务；④当班收到的许可、终结工作票情况；⑤上级有关通知、指令、工作任务等情况；⑥使用中的接地线（接地开关）及装设地点；⑦管辖范围内继电保护、自动装置动作和投退变更情况以及电量核算和电能表运行情况；⑧记录、图纸、规程、技术资料使用和变动情况，表、钥匙等使用情况；⑨PMS系统、微机闭锁系统、集控系统、综合报警（防火、防盗及图像监控）系统工作情况；⑩安全工具、通信工具、劳动保护及防护用品、巡检操作车以及生产办公场所、室内外卫生情况等。

接班人员重点检查的内容有：①查阅上次下班到本次接班的值班记录及有关记录，核对运行方式的变化情况；②了解所辖站缺陷及异常情况，上一班的维护工作及完成情况；③核对接地线编号和装设地点；④检查通信系统、计算机系统是否运行良好、正常，检查、试验监控系统语音告警装置；⑤核对监控机上的接线图、遥测数据、信号、管辖站负荷潮流等情况；⑥各类收文、通知的登记及保管情况；⑦检查通信工具、车辆、随车工具、应急灯具状态；⑧检查钥匙使用、保管情况以及检查办公区域室内外卫生。

（4）有关交接班的其他规定

①如因交班过程中没有交接清楚情况而发生故障的，交班人员与接班人员负有同等责任；②值班人员应该按照现场交接班制度的规定进行交接，未办完交接手续之前，不得擅离岗位；③原则上，在交接班前后各30min内，一般不进行重大操作；④在处理事故或进行电气操作时，不得进行交接班；⑤如正值交接班时发生事故，应立即停止交接班，由交班人员处理，接班人员在交班值班长指挥下协助工作。

3.1.3.4 巡回检查制

班组安全生产管理中的巡回检查制度是为了及时发现设备缺陷、及时进行处理，是确保电网和设备安全经济运行的重要环节。

（1）巡回检查制的基本要求

巡回检查制度要求值班人员对运行和备用设备及周围环境，按照运行规程的规定，定时、定点按巡视路线进行巡回检查，做到巡视到位、检查仔细，对检查中发现的缺陷认真记录并及时通知检修人员进行处理，从而确保巡查功效。

（2）巡回检查的主要内容

① 车间班组应预先编制好巡视标准化作业书，对各种值班方式下的巡视时间、次数、内容，各单位应做出明确规定，并严格执行。

② 值班人员应加强巡视职责，按规定认真巡视检查设备，及时发现异常和缺陷，必要时随时向调度和上级汇报，杜绝事故发生。

③ 设备运行岗位的巡视检查，一般分为正常巡视（含交接班巡视）、全面巡视、熄灯巡视和特殊巡视。

④ 正常巡视的内容，按各公司企业相关的运行规程规定执行，设计、编撰、印制设备标准化正常巡视、全面巡视检查记录卡。

⑤ 全面巡视的内容主要是对设备全面的外部检查，对缺陷有无发展做出鉴定，检查设备的薄弱环节，检查防火、防小动物、防误闭锁等有无漏洞，检查接地网及引线是否完好。

⑥ 熄灯巡视主要检查本班所管设备有无过热、放电、电晕情况，还应对所管设备主导流连接部位使用红外线测温仪器有选择地进行测温，每月测量一遍，并做好记录。在高温、重负荷情况下应增加红外测温次数。

⑦ 遇有以下情况时应进行特殊巡视。

a. 大风前后的巡视：引线摆动情况及有无搭挂杂物，检查线夹有无异常，必要时采用相机拍照检查。b. 雷雨后的巡视：瓷套管有无放电闪烁现象，避雷器、计数器动作情况，检查房屋是否有漏水现象，各端子箱、机构箱有无进水，设备构架有无倾斜，地基有无下沉，电缆沟有无积水。c. 冰雪、冰雹、雾天的巡视：瓷套管有无放电、打火现象，重点监视污秽瓷质部分；根据积雪融化情况，检查接头发热部位，及时处理冰凌。d. 气温突变的巡视：检查注油设备的油位变化、设备有无渗漏油及各种设备压力变化情况。e. 异常情况的巡视（主要指过负荷或负荷剧增、超温度运行、设备过热、系统冲击、跳闸后、有接地故障等）：增加巡视次数，监视设备负荷、油温、油位、接头、主变压器冷却系统，特别是限流元件有无过热、异声等，加强远红外测温监视；重点检查各附件有无变形、引线和接头有无松动及过热、保护有无异常，送电后检查开关内部声音是否正常。f. 设备缺陷近期有发展的巡视：应增加巡视次数，并认真检查，了解缺陷的发展情况，采取相应的措施，做好事故应急预案。g. 法定节假日、或者上级通知有重要供电任务的巡视：监视负荷及设备状况，对重要设备进行重点巡视，加强保卫等。h. 站长应定期进行（参加）巡视，严格监督、考核各班的巡视检查质量。

（3）巡回检查的其他规定

① 对周期性的巡回检查，应依据实践制定出科学的符合实际的岗位巡回检查路线。

② 巡回检查时，值班人员应携带必要的维护工具。各种巡视检查除了眼看、耳听、鼻嗅、手摸（外壳不带电、无接地故障时）设备外，必要时应使用望远镜、测温仪。

③ 对采用特殊方式运行的系统和设备以及有缺陷的设备，运行中应进行重点检查，并随时掌握缺陷的发展趋势。新设备投入试运行或采用新的运行方式、自然条件变化时，应根据设备异常情况和运行方式的变化，相应增加巡回检查次数。

④ 经本单位批准，允许单独巡视高压设备的人员巡视高压设备时，不准进行其他工作，不准移开或越过遮栏。

⑤ 高压设备发生接地时，室内不准（得）接近故障点 4m 以内，室外不准（得）接近故障点 8m 以内。进入上述范围人员应穿绝缘靴，接触设备的外壳和构架时，应戴绝缘手套。

⑥ 巡视室内（配电）设备，应随手关门。

⑦ 高压室的钥匙至少应配有三把，由运行人员负责保管，按值移交。一把专供紧急时使用，一把专供运行人员使用，一把可以借给经批准的高压设备巡视人员和经批准的检修、施工队伍的工作负责人使用，但应登记签名，巡视或当日工作结束后交还。

⑧ 巡视高压设备时，不得移开或越过遮栏，并不准进行任何操作；若必要移动遮栏，必须有监护人在场，并保持设备不停电时的安全距离。

⑨ 巡视室内 SF6 设备，应先通风 15min 后才可进入。

⑩ 巡视人员向值班负责人汇报巡视结果及发现问题，经值班负责人核实后按照公司缺陷管理规定向有关人员汇报，并将缺陷内容记入设备巡视记录、值班记录、设备缺陷记录。

3.1.3.5 设备定期试验轮换制

设备定期试验及轮换制度是“两票三制”中不可忽视的一个重要规章，是检验设备运行或者备用状态是否良好的重要措施。发电车间以及变电站定期对在用设备及备用设备、事故照明、消防设施进行试验和切换使用，防止设备因长期停用发生绝缘受潮锈蚀、卡涩而无法投入正常运行。在网络性和持续性工作的系统中，备用设备与运行设备一样，保持其正常待机状态至关重要。通过备用与运行设备的轮换可以及时发现设备隐患、及时处理，使之处于良好的备用状态，否则一旦运行设备发生故障，在无备用或少备用设备的情况下，运行人员处理事故时调节余地小，往往会导致事故扩大。

（1）设备定期试验及轮换的一般要求

① 发电车间和变电站内的设备除应按有关规程由专业人员根据周期进行试验外，运行人员还应按照要求，对有关设备进行定期的测试和试验，以确保设备的正常运行。

② 对于备用设备必须定期进行投运、轮换运行，保证其处于良好的备用状态。

③ 重要的定期试验与切换工作除了配有操作人、监护人外，部门分管领导、专工应到现场指导。

④ 对系统运行影响较大的测试工作，应考虑安排在低负荷时进行，并事先做好应对偶发故障的预案，制定安全措施。

⑤ 在做定期试验和切换工作中，如发现问题应立即停止操作，马上恢复原方式运行，并对所发现的问题进行分析，找出原因，提出对策，然后经值班长同意后方可继续试验和切换工作。

⑥ 运行值班人员对试验、切换的结果，应记录在专用记录簿内，对试验、切换中发现的缺陷应填写设备缺陷单，联系检修维护部门消除，消除后应做好记录。

⑦ 因故不能进行切换、试验工作，应经部门分管主任批准。假如重要的切换、试验工作恰逢法定假日，应提前或顺延进行，并做好记录。

⑧ 由公司或车间调度管理的设备的定期切换应由调度指挥，运行人员承担、操作完成。

（2）设备定期试验制度

① 值班人员每日应对发电车间和变电站内的中央信号系统进行测试，内容包括预告、事故音响及光字牌是否正常工作，对集控站监控系统的音响报警也要进行试验。

② 在有专用收、发信设备运行的变电站，值班人员每天应按有关规定进行高频通道的对试工作。

③ 每月必须对变电站的事故照明系统试验检查一次，对蓄电池组进行测试并进行记录，直流系统中的备用充电机也应半年进行一次启动试验。

④ 在每年进入夏季前，值班人员应对变压器的冷却装置进行试验，每年的冬季和春季梅雨时节，也应对电气设备的取暖、驱潮电热装置进行全面检查。

⑤ 对于装有微机防误闭锁装置的变电站，值班人员每半年应对防误闭锁装置的闭锁关系、编码等正确性进行一次全面的核对，并检查锁具是否卡涩。

⑥ 对于发电车间和变电站内的不经常运行的通风装置，每个月初值班人员应进行一次投入运行试验，长期不调压或有一部分分接头位置长期不用的有载分接开关，有停电机会时，应在最高和最低分接之间操作几个循环试验，然后将分接头恢复到原运行位置，变电站内的备用变压器（组）每年应进行带电运行（一次）一段时间的启动试验，其试验操作方法要列入现场运行规程。

⑦ 发电车间和变电站内的冗余电流动作保护器每月应进行一次试验，对长期不操作的断路器，当有停电机会时，应做断、合操作测试几次，操作后调整到原运行位置。

(3) 设备定期轮换制度

① 备用变压器（备用相除外）与运行变压器之间，每隔半年应相互轮换运行一次，不能轮换的长期备用变压器，每年应至少带电运行两小时。

② 对于备用相变压器，如采用的是母线并列运行，电压互感器的一组正常运行、一组备用者，则应每月轮换一次；如果一条母线上有多组无功补偿装置时，各组无功补偿装置的切换次数应尽量趋于平衡，以满足无功补偿装置的轮换运行要求。

③ 对于强油风（气）冷、强油水冷的变压器冷却系统，各组冷却器的工作状态（即工作、辅助、备用状态）应每季进行轮换运行一次，其具体轮换方法也要写入变电站现场运行规程里。

④ 因系统原因长期不投入运行的无功补偿装置，每个季度应在保证电压合格的情况下切换运行一定时间，对设备状况进行试验。电容器应在负荷高峰时段进行，电抗器则应在负荷低谷时段进行。

⑤ 对 GIS 设备（即六氟化硫封闭式组合电器）操作机构集中供气站的工作和备用气泵，应每季轮换运行一次，同样也要将具体轮换方法写入变电站现场运行规程。

⑥ 对变电站集中通风系统的备用风机与工作风机，应每季轮换运行一次。

3.1.4 工伤事故的调查、分析、报告、处理制度

电力企业固然通过在全体职员中树立忧患意识和居安思危、警钟长鸣、防患于未然的思想，认真贯彻《中华人民共和国突发事件应对法》，坚持以人为本、预防为主，充分依靠法制、科技措施来保护人民生命财产，落实和完善应急预案，提高了预防和处置突发事件能力，最大限度地减少突发事件及工伤事故。但由于自然灾害或人为原因，某些事故或灾害总是不可避免发生的。万一发生这类情况，各公司各级领导及职工务必态度端正、正视现实、在采取合理有效的应急措施（预案）、努力减少人员和国家财产损失的同时，应该注重对事故的调查、成因分析、逐级上报，以及对隐患的根除和相关责任人的处理。本节重点讨论发生在班组范围内的工伤事故的善后事项。

3.1.4.1 工伤事故及其分类

(1) 电力生产人身事故

根据《企业职工伤亡事故报告和处理规定》，凡在电力生产和输送企业发生有下列情形之一的人身伤害和急性中毒，为电力生产人身事故。电力生产人身事故的等级划分和标准，执行《企业职工伤亡事故分类标准》（GB 6411—86）的有关规定。①员工在从事与电力生产相关工作的过程中发生人身伤亡（含生产性急性中毒造成的

人身伤亡，下同）的；②员工在从事与电力生产有关的工作过程中，发生本企业负有同等以上责任的交通事故，造成人身伤亡的；③在电力生产区域内，外单位人员从事与电力生产有关的工作过程中发生的本企业负有责任的人身伤亡。

因工伤亡事故分为：轻伤事故（受伤者损失一个工作日以内的伤害事故）；重伤事故（按劳动部《关于重伤事故范围的意见》执行）；死亡事故（一次死亡1～4人的事故）；重大伤亡事故（一次死亡、重伤5～9人的事故）；特大伤亡事故（一次死亡、重伤10人及以上的事故）。

（2）电力生产设备事故

电力企业发生设备、设施、施工机械、运输工具损坏，造成直接经济损失超过规定数额的，为电力生产设备事故。

其中交通事故是指造成车辆损坏、人身伤亡或货物损失的事故。交通事故分为：重大交通事故（一次造成死亡1～2人；重伤3～10人；财产损失3万～6万元）；特大交通事故（一次造成死亡3～7人，重伤11人及以上，死亡1人同时重伤8人及以上，死亡2人同时重伤5人及以上，或者财产损失6万元以上的事故）。设备事故是指生产装置、动力设备、电气、管道等发生故障、损坏造成经济损失或停产的事故。

（3）电力生产重大设备事故

装机容量400MW以上的发电厂，一次事故造成2台以上机组非计划停运，并造成全厂对外停电的为重大设备事故。

（4）电力生产一般性设备事故

电力企业有下列情形之一、未构成重大设备事故的，为一般性设备事故。①发电厂2台以上机组非计划停运，并造成全厂对外停电的；②发电厂升压站110kV以上任一电压等级母线全停的；③发电厂200MW以上机组被迫停止运行，时间超过24小时的。

（5）火灾事故

火灾事故是指因失火造成人身伤亡或财产损失的事故。火灾事故分为重大火灾事故（一次死亡2人以上，重伤10人以上，或者直接经济损失在10万元及以上的）和特大火灾事故（一次死亡5人以上，重伤20人以上，或者直接经济损失在50万元以上的）。

3.1.4.2 事故的调查和分析

电力企业发生事故后，应当按照国家有关规定，及时向上级主管单位和当地人民政府有关部门如实报告。

电力企业发生重大以上的人身事故、电网事故、设备事故或者火灾事故，电厂垮坝事故以及对社会造成严重影响的停电事故，应当立即将事故发生的时间、地点、事故概况、正在采取的紧急措施等情况向电监会报告，最迟不得超过24小时。

电力生产事故的组织调查，按照下列规定进行。①人身事故、火灾事故、交通事故和特大设备事故，按照国家有关规定组织调查；轻伤和重伤事故，由公司经理或主管安全的副经理组织安全、技术、生产等部门及工会成员组成调查组进行调查；由本公司处理的工伤事故的调查必须查清事故发生的时间、地点、经过、原因、人员伤亡、经济损失等。凡由上级机关插手的事故，公司按要求尽最大努力积极协助调查；

凡调查涉及的单位和个人，必须如实向有关人员回答有关的提问，提供有关的证据和证词。不准弄虚作假，隐瞒事故真相。②重大设备事故由电监会组织调查。③一般设备事故由发生事故的单位组织调查。涉及两个或者两个以上的电网企业、发电企业等的一般事故，进行联合调查时发生争议，一方申请电监会处理的，由电监会组织调查。

电力生产事故的调查，按照下列规定进行。

① 事故发生后，发生事故的单位应当迅速抢救伤员和进行事故应急处理，并派专人严格保护事故现场。未经调查和记录的事故现场，不得任意变动。

② 事故发生后，发生事故的单位应当立即对事故现场和损坏的设备进行照相、录像、绘制草图，同时立即组织有关人员收集事故经过、现场情况、财产损失等原始材料。

③ 事故调查组有权向发生事故的单位、有关人员了解事故情况并索取有关资料，任何单位和个人不得拒绝。发生事故的单位应当及时向事故调查组提供完整的相关资料。

④ 召开事故分析会，确定事故处理的意见防范措施的建议，写出事故调查报告。

⑤ 事故调查组在《事故调查报告书》中应当明确事故发生的原因、性质、责任、防范措施和处理意见。

⑥ 根据事故调查组对事故的处理意见，有关单位应当按照管理权限对发生事故的单位、责任人员进行处理。

对于事故的处理应按照“四不放过”原则进行，防止类似事故发生。凡属责任事故，均要追究责任。事故责任者的认定应根据事故发生的原因，对照本公司安全责任制进行分析，一起事故涉及各方面责任时，则分清主次轻重，分别予以追究。凡是违章操作，玩忽职守，违反安全责任制和劳动纪律，擅自拆除、毁坏、挪用安全装置和设备，造成本人或他人轻伤，根据情况轻重，分别给予责任者罚款或纪律处分。

凡有下列情形之一，造成部门职工轻伤或重伤的，根据情节轻重给予部门负责人（包括安全员、班组长）扣发奖金、罚款和纪律处分。①未按规定对职工进行安全教育，职工不会操作或不懂安全操作规程；②违章指挥，强迫职工违章作业；③设备有缺陷，作业环境不安全，安全装置不齐全；④对已发现的隐患既没有采取有效防护措施又不上报予以及时解决。

凡是发布违反劳动保护法规的指示、决定和规章制度，无视安全部门的警告，未及时消除隐患或管理混乱而酿成重大或重大以上伤亡事故的，追究领导者的责任。对于重大以上事故的责任者或其他有关人员，如果有毁灭、伪造证据，破坏、伪造现场，干扰调查工作或者嫁祸于人的，利用职权隐瞒事故、虚报情况或故意拖延不报的，对如实反映事故情况的人员进行打击报复的从重处罚。

事故处理结果应向全公司干部职工公开宣布，并将整个事故处理情况写出书面材料向有关部门报告。事故处理必须公正合理、不迁就、不避让，做到对事故“四不放过”（事故原因分析不清不放过，事故责任者和群众没有受到教育不放过，没有采取切实可行的防范措施不放过，事故责任者没有受到处理不放过）。对本公司处理不服的，可向上级有关部门提出异议和起诉。事故处理结案后，由公司安全监察部负责将各有关材料收集整理，存档建卡。如果在事故中受到伤害的职工必须要办理工伤审批手续时，由公司统一负责办理。

3.1.4.3 事故的统计报告

所有事故档案材料由安全管理部门统一保管，包括事故现场检查纪律、旁证材料、影像资料、技术鉴定、化验分析材料、仪表记录、调查材料、会议记录、登记表及事故报告书等。安全管理部门负责各类事故的统计，并主管、协调、监督各类事故的调查和处理工作，确保安全生产制度的有效执行。

电力生产事故的统计和报告，按照电监会《电力安全生产信息报送暂行规定》办理。①涉及两个以上电网企业、发电企业等的事故，如果各企业均构成事故，各企业都应当按照有关规定统计、上报。②一起事故既符合电网事故条件，又符合设备事故条件的，按照“不同等级的事故，选取等级高的事故；相同等级的事故，选取电网事故”的原则统计、上报。③伴有人身事故的电网事故或者设备事故，应当按照本规定要求将人身事故、电网事故或者设备事故分别统计、上报。

按照国家有关规定，由所在地人民政府有关部门组织调查的事故，发生事故的单位应当自收到《事故调查报告书》之日起一周内，将有关情况报送电监会。

发电企业连续无事故的天数累计达到100天为一个安全周期。

发生重伤以上人身事故，发生本单位应承担责任的一般以上电网事故、设备事故或者火灾事故，均应当中断安全周期。

3.2 班组安全教育与文化建设

电力企业班组安全教育与文化建设都要落实在日常的安全生产例行工作中，具体来说有以下一些形式。①安全生产例会；②安全网工作例会；③“班前班后两会”“周一安全活动”；④运行分析管理；⑤设备缺陷管理；⑥安全检查管理；⑦安全监督及安全管理；⑧安全信息及安全简报。

3.2.1 安全生产例会制度

一般地，电力企业生产车间班组的工作对象、生产任务相对来说都比较固定。但是，由于设备、设施、职工的生理和心理状态、气候和天气、现场环境每天都在变化。因此，应该注意的安全生产事项和在实际生产过程中需要做的工作也有很大的不同，尤其那些受外界影响较大、不确定因素较多的基层车间班组更应该结合实际，认真做好生产过程中的安全教育工作。

在生产过程中进行安全教育的方式是多种多样的，各类生产车间班组不应该拘泥于一种形式，只采取一种方式。一般情况下，实际生产过程中的安全教育主要有安全会议、安全学习、班前安全讲话、班后安全讲评、“周一”安全活动、安全演习和岗位练兵等几种形式。本节重点介绍班组安全管理中的生产例会制度。

3.2.1.1 班前安全会

班前班后会是生产班组实施工作任务前后进行的安全生产组织活动形式。班前班后会是加强班组安全建设的关键环节，特点是时间短、内容紧凑、针对性强。开好班前班后会，是生产班组保证安全生产的有效措施之一；是规范作业人员行为，推进电力生产精细化管理，实现安全可控、在控、能控的有效措施之一；也是从源头上杜绝习惯性违章，从思想上提高安全意识的重要保证，要正确对待和认真落实。

班前会是指工作班在开工（接班）前，由班长（值班长）根据当天的工作内容，结合当班人员情况进行任务分配，提出重点、难点以及班组成员在工作中应注意的事项；针对工作内容提出危险点预控措施，对不同工作分别进行技术交底，并确认每一个工作班成员都知晓。班后会是在工作结束后，由班长总结当日工作情况，讲评当日工作任务完成情况、“两票”执行情况、系统变动情况、安全措施落实和施工质量情况，特别要查找不安全因素，批评忽视安全、违章作业等不良现象，对人员安排、检修工艺、安全事项等提出改进意见，并举一反三，制定相应的防范措施，避免同类错误在今后的工作中发生。

（1）班前会主要内容

根据各工种工作性质的不同，其召开班前会的侧重点也不同，主要内容突出“三交三查”（交代工作任务、交代安全措施、交代注意事项；检查作业人员精神状态、检查两穿一戴、检查现场安全措施）。做到“四清楚”（作业任务清楚、危险点清楚、现场的作业程序清楚、安全措施清楚）。主要内容有以下几点。

①讲述工作任务，当前工作进度，综合考虑本班组工作人员的技术水平、经验及健康状况等进行任务分配，指派工作负责人、专职监护人等，并向各个工作人员交代清楚安全注意事项，对安全工作提出明确要求。②交代当前系统运行方式、设备运行环境，两票使用情况，包括天气情况（风、雨、雪、高温、低温等）和在这种天气状况下所从事工作应注意的具体事项。③了解本班组人员身体和精神状态，对情绪不良人员的工作应给予妥善安排。④在安排工作任务的同时，应根据任务难易程度、生产现场和设备系统运行状况，提出可能发生的危险情况，做好危险点因素分析和预控措施。⑤检查安全工器具和安全防护用品配备情况，是否符合工作现场的要求。⑥采用多种形式对班组成员进行安全教育或安全忠告，如结合当天作业性质，学习相似的可能发生的事故案例教训，做好各种突发事故的预想。⑦听取大家对当天工作提出的安全方面的建议和要求。

（2）班前会的方式

班组长可以采用以下方式开展班前会。①班组长同与会班组成员一同做安全宣誓。②班组长总结安全生产工作，并结合生产内容及作业点、成员精神状态等情况，分析存在的危险因素，强调安全注意事项。③让个别成员谈谈操作安全经验或某项操作的特殊体验。④每天召开班前会，并做会议记录，由每位与会成员签字确认，以备发生事故时查阅，可便于查清原因、分析责任。

（3）班组班前会的注意事项

① 天天开。做到班前会天天开，每天一个主题，时间不要过长，以免参会的班组成员感到乏味，引起他们的厌烦情绪。

② 内容简明而全面。班前会要简单明了，把每个成员的操作过程讲明讲细，指明注意事项。不要片面地只讲某人的某一点，而忽视全组。

③ 形式多样。班前会要有经验介绍和“三违”者谈教训等形式，不要死板和教条。

④ 语言精练。安全会上要丁是丁，卯是卯，语言精练，具有说服力，使之入耳、入脑、入心。

⑤ 方法务实。班前会不是“务虚会”，要针对生产中出现的不安全的人和事，针对其特点，分析其原因，做到灵活有效。

⑥ 透彻分析事故原因。对出现的事故，要分析透彻，吸取教训，切实达到杜绝类似事故再次发生的目的。

⑦ 严肃处理违章者。对违章人员，要在会上予以通报，并严肃处理，以教育其他班组成员。

⑧ 注重表扬。在班前会上，总结一个班或一周、一旬、一月的工作要以表扬为主，即使批评也要有理有据，使受批评者心服口服，以达到教育的目的。

3.2.1.2 班后安全讲评

班后会一般也是由班长组织，在当班工作结束后召开，主要总结讲评当班工作和安全情况，表扬好人好事，批评工作中违章现象，提出改进意见。主要内容包括以下几点。

① 各作业组人员汇报当天完成的工作情况及安全情况。

② 评价当天作业中安全作业条件，防护用品、安全工器具使用情况，安全措施执行情况，人员安排情况，找出问题和差距，总结经验。清点人员、设备、工具情况，在野外施工或恶劣天气条件下施工，该项工作尤为重要。

③ 说明当前系统接线方式、设备运行情况。

④ 评价当天作业中执行安全工作规程、“两票”执行情况，对临时用电、用气的情况进行检查督促，对安全工作表现好的同志给予表扬。

⑤ 对出现的不安全问题、不规范行为或违章现象给予严厉的批评和纠正，并按规定对违章者给予处罚。

3.2.1.3 “周一”安全活动

在不少企业中，一直坚持实行着“周一”安全活动制度。某些企业虽然不一定是固定在星期一，但每周进行一次安全活动的制度却一直坚持不变。即每逢这一天，整个企业不召开由基层单位领导参加的任何会议，一般情况下二级单位的领导和科室人员也要下到基层，全力以赴帮助基层单位开展好安全活动，做到当天早上安排，上午分散检查，下午集中整改，晚上集中讲评。在活动中，平时要求岗位职工检查的部位、设备等，基层干部都必须检查到，并提出整改要求。

“周一”安全活动的主要内容有：①学习《电力安全工作规程》、上级下发的安全通报及有关安全生产方面的文件精神；②结合班组平时生产过程中违章行为进行分析吸取教训；③分析设备存在的缺陷，班员献计献策如何消除；④总结车间班组一周来的安全生产工作，并对下一周的安全工作提出要求。

3.2.2 安全生产意识和习惯的养成

现代电力企业必须建立和现代安全意识，主要包括五个方面的内涵：一是善待生命、珍惜生命的健康意识；二是事故、灾害的风险意识；三是预防为主、防范在先的超前意识；四是行为规范、技术优选的科学意识；五是每时每刻每处每地注意安全的警觉意识。与此相对应的，员工应具备的基本安全素质有以下几方面。①懂得必要的安全知识。如：各种危险物质的危害；认识辨别危险场所等。②具备一定的安全技能。如：学会使用灭火器和报警器；掌握正确的事故和完善应急方法，能够在遇险时救人和逃生；学会在工作和生活中预防一般事故及危险的方法和技能等。③遵守安全生产的基本原则。树立自我保护意识，不接受违章指挥。树立遵守安全规章制度的良好习惯，不违章作业。树立遵章守纪的自我约束意识，不违反劳动纪律、工艺纪律。

3.2.2.1 安全生产的心理因素

① 自卫心理——害怕被伤害心理。这是个人心理特征中最强烈且较普遍的一种心理，可以利用这种心理尽量引导员工更加注意安全。借自卫特性用此建立和维持兴趣的方法有：描述伤害的后果，但不宜使用太恐怖的方法。

② 人道感——助人为乐和舍己为人心理。人道感表现在事故前的预防，事故中的抢救，事故后的关怀。

③ 荣誉感——希望与人合作、关心集体和个人荣誉的心理。经过安全教育，每位职工都明了，一旦本班组内发生事故将影响班组的安全记录。有荣誉感的人为保持本班组的安全记录，不会做出不安全的行为。

④ 责任感——能认清自己义务的心理。大多数人不论对自己或对他人都有某种程度的责任感，可以通过增加有责任感的人在安全工作中所负的责任，或指派某种工作的方法发展其兴趣。

⑤ 自尊心——希望得到满足与受人赞赏和尊重自己的心理。自尊心来自于他人对自己工作价值的认知程度，在工作中更多地表扬先进是引起自尊心的一种有力刺激。

⑥ 竞争性——希望与人竞争的心理。部分人在有人与其竞争时，往往比单独工作时有干劲，应多提供给这种人参加安全竞赛的机会，但要防止其争强好胜的蛮干。

⑦ 从众性——害怕被人认为与众不同的心理。能否使具有这种特征的人遵守安全规程取决于集体的安全行为。因此，应着力培养群体的安全生产意识。

与之相反的，以下为几种不利于安全生产的心理因素。

①侥幸心理，主要有四种表现：一是碰运气；二是认为“动机是好的”不会受责备；三是自信心很强，相信自己能避免事故发生；四是别人不一定能发现。②冒险心理，表现特征较多，如争强好胜，不按规章作业，私下与人打赌，自以为能一举成名等。③麻痹心理，表现特征为：因为是经常干的工作，所以就习以为常，满不在乎，不注意反常现象，得过且过。④逆反心理，不接受正确的、善良的规劝和批评，坚持其错误行为，是一种与常态行为相反的对抗心理。⑤凑兴心理，是人在社会群体生活中产生的一种人际关系的反映。这种心理一方面有增进团结的积极作用，另一方面也常导致某些无节制的不理智行为。⑥从众心理，这是人们在适应群体生活中产生的一种响应，不从众时内心会感到有一股精神压力。因此，在个别人的违章行为刚产生时就要坚决纠正，以防止从众违章行为的发生。⑦自私心理，这种心理与人的品德、责

任感、修养、法制观念有关。

3.2.2.2 安全生产意识的树立

安全生产意识是指生产过程中在职工脑海里时刻要有安全的意识，以确保人身安全、设备和产品安全，以及交通运输安全等。安全生产意识包括以下内容。

① 安全生产方针、政策、法规方面的意识，国家及各部委颁发的安全生产方针、政策、法规是提高员工对安全生产认识最好的教育内容。安全方针、政策、法规是安全生产本质的反映，是过去经验、教训的规律性的总结，是指导安全生产的根本。

② 劳动纪律和制度方面的意识，为维持正常的生产秩序而制定的劳动纪律和制度是搞好安全生产的带强制性的手段之一。制度执行不力、纪律松弛是安全生产的大敌，而遵守法规、尊重科学规律、遵章守纪是保障安全生产的重要前提。纪律一般包括劳动纪律、安全纪律、组织纪律、工艺纪律；制度包括安全生产责任制度、安全值班制度、安全检查制度、安全奖惩制度以及安全操作规程等。

③ 经常性思想工作的结果，主要针对生产活动中反映出来的不利于安全生产的各种思想、观点、想法等所进行的经常性的说明疏导工作。

强化安全意识，应分层次进行。首先强化领导层的安全意识，企业和部门领导者、决策者对安全生产的认识在很大程度上决定了企业的安全生产水平。其次，工地承包负责人、班组长是施工安全的直接指挥者，他们对安全生产的认识程度、安全技术水平和管理水平的高低，直接关系着值班作业人员的生命安全。再者，每一位职工自身也要主动地、经常地学习安全生产知识，熟记安全操作规程，在实施每天、每班、每个操作行为的时候有意识地与安全生产形成联想。

学习和强化训练的内容主要有：①党和国家颁发的劳动保护政策和法规，国家电网和本公司制定的安全生产方针和规定；②本行业、本企业的安全生产形势、安全生产规章制度；③本行业、本企业曾经发生的安全生产方面重大停工停产和伤亡事故的教训；④本岗位现场安全防护设施、工器具、穿戴劳动保护用品的标准；⑤本工种及其相关工种的安全操作规程。

3.2.2.3 安全生产习惯的养成

俗话说，细节决定成败，事故的发生往往是由一系列细微的不安全因素的积累和相互作用导致的。就像多米诺骨牌原理所描述的那样，我们只需要控制或中断这一系列不安全因素中的某个环节，事故即被终止。

习惯指通过不断的重复练习同一个动作或经历同一个过程而养成的一种状态。职工要养成安全生产的习惯，就必须让其在重复做同一件事的过程中，按照安全操作规程去完成相同的动作，使其思维形成一种条件反射，以后就会自觉或不自觉地完成这些动作。

促进职工养成良好安全生产习惯的措施，无非从以下几个方面着手。

(1) 加大教育力度

对职工加强安全知识的灌输和心理沟通，使其养成安全思维习惯，而不是传统的只注重过程不管结果，只应付检查而不求效果的“应试教育”。从细节开始，按照工作流程、从事工种、操作岗位等有针对性地进行示范，纠正不规范动作，使之养成良好的安全行为习惯，并在操作过程中不断地自我暗示。一进入施工场地就马上想到戴安全帽，只要是高处作业就想到是否系好了安全带等这一系列动作已进入他们的潜意识，即养成良好的“安全习惯”。

安全帽要求正确佩戴，其方法是帽壳与帽衬有一定间隙而能紧贴，帽带必须系于下颚处，帽檐与眉保持平行位于头的正前方。佩戴安全帽主要在物体打击、触电等事故发生时减少伤害，如果不系下颚带、将下颚带置于脑后、或即便系了也是松松垮垮就起不到保护作用。

（2）有计划有目的地对职工进行引导

引导的侧重点是职工安全意识的转型，必须针对某些职工中普遍存在的侥幸心理、麻痹大意、过分自信、模棱两可进行纠正，要求技术员、安全员对职工实行分片观察，将观察结果记录下来作为安全隐患检查记录的重要部分存档，经过长期培训、教育和引导，将情况定期反馈，再持续改进，不断循环，形成一个良好的闭合模式，最终养成良好的“安全生产习惯”，从而使安全生产进入一个良性循环模式。

（3）加强岗位技能培训

每位职工不仅能在自己的工作岗位上熟练的操作，而且在紧急事态下要能做出正确、有效、迅速的反应，让工人按照岗位操作规程不断地进行各项安全操作、规范动作的演练。在各班组之间开展技能比赛，按操作工序、工种、机械设备、安全常识、应对突发事件避让或处理的灵敏度等为比赛项目，比赛中设置奖项，没有处罚。最终达到“三不伤害”，即“不伤害自己、不伤害别人、不被别人伤害”。

3.2.3 班组安全生产管理

安全生产是企业管理永恒的主题，是企业一切经营活动的前提。生产管理中任何一个环节脱节或现场作业中任一个人的违章，都可能引发事故。

3.2.3.1 做好班组安全生产管理的前提

做好班组安全生产工作，必须从管理上抓住以下几个环节。

（1）各级领导管理环节

①确实贯彻执行三种责任制（安全生产责任制、技术责任制、岗位责任制即设备专责制和点检责任制）。②坚持创造一个良好的、和谐的生产工作秩序，处理好上下左右的工作关系。检修要为运行服务，运行要为检修创造方便的工作条件。基层生产单位要服从厂生产职能部门的领导和监督，要主动汇报工作，积极提供合理化建议；厂生产职能部门要为基层生产单位服务，检查指导工作，帮助解决问题搞好安全生产管理。③时时刻刻坚持“安全第一”，树立“安全就是效益”的观点，落实“管生产必须管安全”的原则，加强安全管理，搞好安全教育，搞好不安全事件分析做到“四不放过”。认真落实国家电力公司下发【2000】589号文件《防止电力生产重大事故的二十五项重点要求》（国电发【2000】589号），抓好安全性评价整改，积极推行风险管理，控制不安全事件的发生。④每天早上提前半小时深入现场，检查了解生产情况，掌握设备运行情况、设备消缺和检修进度及班组工作情况；下班前要了解当天的生产情况，并布置好第二天本单位主要生产工作，并安排好夜间生产和值班等工作。

(2) 生产职能部门管理环节

① 当好生产副总的助手和参谋。生产管理人员要精通专业技术，熟悉系统，对设备状态了如指掌；精通检修工艺，熟悉操作程序，对规章制度“出口成章”；在专业管理上要成为总工程师的左右手，技术管理走在基层单位前面。② 加强生产部门管理，发挥职能作用。加强专业人员培训，提高管理人员素质。业务上要做到三个掌握（掌握规章制度，掌握专业技术、图纸资料，掌握设备运行、检修消缺及材料备品备件情况）。③ 安全不仅仅是管理，更是服务。面向基层、下现场、到班组，服务于生产基层。

(3) 班组长管理环节

① 班组长要抓员工安全生产责任制的落实，抓《电力安全工作规程》、“两票三制”的执行；搞好员工安全教育和技术培训，提高人员素质，做到“四不伤害”。② 抓好“两会一活动”和“三讲一落实”，搞好现场“6S”管理。

(4) 运行环节

① 时时刻刻抓规章制度的贯彻，主要抓好“两票三制”贯彻执行。把握住三个细节（维护调整、重大操作、故障处理），开展三个分析（岗位分析、定期分析、专业分析），坚持“严、细、恒”三字态度。② 不停顿地抓好技术培训。培训工作要经常抓、天天抓、班班抓、多样化，严格考核，常抓不懈。重点是“两票”培训、技术比武和操作表演等。③ 下大力气抓好运行规范化管理。④交班时应做到“五交代”（交代运行方式、设备启停、切换、试验及注意事项；交代设备检修情况及所做好的安全措施；交代设备运行状况、设备缺陷以及预防事故所做的措施；交代调度及上级的指示、命令、布置任务以及落实、完成情况；根据本班运行情况向下一班交代需要注意的事项，进行安全技术交底）。⑤ 接班时应做到“五清楚”（机组、设备运行方式清楚；设备运行状况、存在的缺陷及防范措施清楚；设备检修维护所做的安全措施清楚；调度及上级的指示、命令、布置的任务清楚；对本班将要进行的工作及注意事项清楚）。

(5) 检修环节

① 贯彻检修工作的三个方针（检修为运行服务的方针，坚持设备检修“质量第一”的方针，实现设备计划检修、状态检修、设备诊断等管理中“预防为主”的方针）。② 牢牢抓住检修管理工作的三个关键（严格检修质量责任制、验收制，落实检修技术责任制，加强检修班组的标准化建设）。③ 加强设备巡视检查，搞好设备诊断，及时消除设备缺陷，严格工作票执行，防止人身伤害、设备损坏事故发生。

3.2.3.2 安全生产责任制管理与措施落实

安全生产责任制管理工作，必须层层落实安全生产责任制，建立安全生产问责制。

安全生产管理制度是在总结安全生产管理实践经验的基础上，根据国家安全生产方针及有关政策和法规制定的，它是生产活动中必须贯彻执行和认真遵守的安全行为规范和准则。

企业应根据上级要求并结合本单位实际，建立安全生产规程制度。及时修订、复查和补充完善安全生产规程制度，定期检查安全生产规程制度学习贯彻的执行情况，编制企业安全技术劳动保护措施和反事故技术措施（简称安、反措）计划的要求，机组大小修及设备更新改造工程“三措”的编制与执行。根据重点反措要求，结合本单位实际制定防止人身事故和设备事故措施，加强安、反措计划及重点反措执行检查考核。

3.2.3.3 安全生产管理的“五抓五不能”

安全生产管理必须做到“五抓五不能”，即抓典型、促一般，抓重点、带全面，抓源头、夯基础，抓制度、促规范，抓程序、上水平；做到安全意识不能少，安全规程不能违，安全知识不能缺，安全投入不能省，安全管理工作不能松。

3.2.4 安全文明生产（施工）现场管理

为加强建设安全生产监督管理，督促生产或施工单位做好现场安全生产文明管理工作，按照相关法规、规范、标准要求，电力生产、建设和输送企业都制定了卫生责任区域划分及文明生产管理制度，对现场环境、交接班室、控制室、职工穿着、精神面貌进行严格管理。现场文明规范整理务必起点高、要求严，责任分工明确，每周进行一次安全活动，每月定期对设备安全运行状况、工作票执行情况、控制室、工器具摆放情况工作进行全面检查，对检查出的不安全因素限期整改，定期进行安全检查活动。通过文明管理和整治，保障生产和施工现场清洁、无卫生死角，设备焕然一新；职工衣着规范，精神焕发；工具柜、资料柜、交接班室、值班室物品定置摆放整齐。

3.2.4.1 作业现场的定置管理

定置管理是对生产现场中的人、物、场地三者进行科学分析研究，通过6S[1]项目活动，以完整的信息系统为媒介，使之达到最佳结合状态的科学管理方法。其目的是通过对生产现场的整理整顿，把生产中不需要的物品清除掉，把需要的物品放在随手可得的位置，以便消除人的无效劳动，防止和避免生产过程中的不安全因素，从而达到高效生产和安全生产的目的。这对于提升企业形象，安全生产，标准化的推进，创造令人心怡的工作环境等方面有着巨大的推动作用。

（1）现场定置管理布置的基本原则

① 采用单一的流向和看得见的搬运路线；②最大限度地利用空间；③最大的操作方便和最小的不愉快；④最短的运输距离和最少的装卸次数；⑤切实的安全防护保障；⑥最少的改进费用和统一标准；⑦最大的灵活性及协调性。

（2）现场定置管理的要求

① 各种物料堆放，设备安装，工器具严格按照工艺和管理要求摆放规范，整齐并且符合安全卫生要求。

② 电线电缆架设符合国家和行业标准、规范。

③ 现场安全通道畅通，消防器材齐全有效，责任到人。

④ 现场各种安全标志符合国家标准，悬挂地点位置适当，各种安全标志、标语规范、醒目、协调、准确；重大危险源有明确标识，生产工作场所各种坑、井、沟、

---

[1] 即整理（Seiri）、整顿（Seiton）、清扫（Seiso）、清洁（Seiketsu）、素养（Shitsuke）、安全（Security），起源于日本。

池、轮、台等没有防护措施和警示标志。

⑤ 各种机械、电气设备上的安全防护装置、信号装置、警报装置、保险装置、限位装置等齐全可靠。

⑥ 现场通风设施完善，运转良好，尘毒浓度合格率达到规定要求，噪声控制在规定的范围之内。

⑦ 各种设备、管道、阀门应根据国标和行业标准实行色彩标示，清洁完好，无冒、滴、漏现象；厂区内道路应有明显的交通标志，进出车辆实行限速行驶。

总之，定置管理的实施标准是：有图必有物，有物必有区，有区必挂牌，有牌必分类；按图定置，按类存放，账物一致。

(3) 定置管理的步骤

① 分析现状。根据生产工艺，利用工程学原理分析系统中的人、物、场地的状态和它们在生产过程中如何做到最省力、最安全，而且效率最高。

② 优化配置。根据现状分析的结果，规划现场中的人、物、场地的最佳组合，使人（管理者、作业人员）、机（设备、设施、检测计量仪器）、料（原材料、在制品、半成品、能源等）、法（安全操作规程、信息传递、各面规章制度）、环（作业环境）等因素有机协调。

③ 实施运行。根据优化配置规划，运行实施，进一步改善，达到人、物、场所的最佳配置。凡与生产无关的物件都要清除干净。按定置图要求，将生产现场、器具等物品进行分类、搬、转、调整并予以定位。定置的物品要与图相符，位置要正确，摆放要整齐，有可能引起伤害的物件要有防护措施，要储存有器具。可移动物，如手推车、电动车等定置到适当位置。

④ 规范定置。根据最佳配置画出定置图，再根据定置图在现场放置各种信息明示牌（600mm×400mm），明确材料（设备）名称、规格、型号、受检状态、用途，指定相应的管理规定（检查规定、考核标准、奖惩制度等内容），标准信息名牌上牌、物、图相符，不得随意挪动，要以醒目和不妨碍生产为原则，使之定置规范化、标准化、制度化。

⑤ 定置管理检查和考核。根据制定的定置管理检查规定，定期或不定期地进行定置实施情况的检查，对于实施得好的要予以奖励，反之要根据责任制进行惩罚。只有这样，才能巩固定置管理的成果，持之以恒。

(4) 工器具、工件、材料的具体摆放要求

各类材料按指定位置堆放整齐。设立必要的待安装设备、材料、废料、废油、其他废弃物堆放场地及有毒有害废物存放点。各种材料、设备堆放区域用标准围栏分隔，并挂分类标示牌等内容。

① 作业场的原材料、半成品、成品、废品及工具柜应进行定量、定置管理、整齐、平稳可靠；② 各类工器具、专用工、模、夹具存放应牢固可靠、符合安全要求；③ 产品、坯料等应限量存放，不得妨碍操作；④ 工件、材料等应堆放整齐、平稳可靠，高度不得超过 2m；⑤ 工作场所的工器具、工件、材料摆放合格率为 100%。

3.2.4.2 作业现场设备设施的安全管理

机器设备在安全生产中发挥着重要作用，随着生产自动化、网络化的发展，安全

生产对它们的可靠性和安全性要求也越来越高。

设备操作人员要做到“三好（管好、用好、养好）”，“四会（会使用、会维护、会检查、会排除故障）”，使设备及其周围工作场地达到“四项基本要求”（整齐——工具、工件放置整齐，安全防护装置齐全，线路管道完整；清洁——设备清洁，环境干净，各滑动面无油污、无碰伤；润滑——按时加油换油，油质符合要求，油壶、油枪、油杯齐全，油毡、油线、油标清洁，油路畅通；安全——合理使用，精心维护保养，及时排除故障及一切危险因素，预防事故）。

对设备进行运行操作时执行“五项纪律”（凭操作证使用设备，遵守安全操作规程；保持设备整洁，润滑良好；严格执行交接班制度；随机附件、工具、文件齐全；发生故障后立即排除或报告）。

对设备的保养工作做到“五定”（定点——按规定的加油点加油；定时——按规定的时间加油；定质——按规定的牌号加油；定量——按规定的油量加油；定人——由操作者或设备检修保养者加油）。平常要注意对设备设施做危险性因素分析以及安全维护、安全检查管理等工作。

设备设施的安全运行操作通用规程包括以几点。

① 操作人员思想要集中，穿戴要符合安全要求，站立位置要安全。

② 接通电源、开动设备之前应清理好工作现场，仔细检查各种手柄位置是否正确、灵活，安全装置是否齐全可靠；接着要检查润滑油池、油箱中的油量是否充足，油路是否畅通，并按润滑图表卡片进行润滑工作。

③ 开动设备时必须盖好电器箱盖，不允许有污物、水、油进入电机或电器装置内。变速时，各变速手柄必须转换到指定位置。

④ 加工的工件必须装卡牢固，以免松动甩出，造成事故。已卡紧的工件，不得再进行敲打校正，以免损害设备精度。

⑤ 设备外露基准面或滑动面上不准堆放工具、产品等，以免碰伤影响设备精度。要经常保持润滑工具及润滑系统的清洁，不得敞开油箱、油眼盖，以免灰尘、铁屑等异物进入。

⑥ 设备运转时，操作者不得离开，并应经常关注各部位有无异常（异声、异味、发热、振动等），发现故障应立即停止操作，及时排除。凡属操作者不能排除的故障，应及时通知维修工人排除。

⑦ 在采取自动控制时，首先要调整好限位装置，以免超越行程造成事故。严禁超性能、超负荷使用设备。

⑧ 当操作者离开设备时，或者装卸工件，对设备进行调整、清洗或润滑时，都应停止并切断电源。

⑨ 不得随意拆除设备上的安全防护装置。调整或维修设备时，要正确使用拆卸工具，严禁乱敲乱拆。

3.2.4.3 特种场合及作业的安全设施

（1）“四口五临边”的安全设施

“四口”指楼梯口、电梯口（包括垃圾口）、预留洞口、建筑物的出入口；“五临边”指阳台周边、屋面周边、框架楼面周边、斜道周边、卸料台外边。这些地方属于易发生安全事故的场合，应设置必要的安全警示设施。

施工中的正式通道、平台、围栏、维护结构未安装或不完善时，按部颁标准搭设临时通道；各种临边设固定临时围栏及挡脚板或围栏和立体围网；施工现场的孔洞安装围栏或盖板；在施工人员出入口上方设置严密的板棚；其他具有潜在危险的作业场所要设置活动围栏；锅炉间、煤仓间、除氧间、电除尘等处施工时分层设置安全网。

(2) 高处作业及交叉作业的安全措施

高处作业区域应设置滑线安全网、安全水平扶绳、活动式带围栏的操作平台；作业及移动过程中操作人员使用安全带、高处作业攀登自锁器、速差自控器。上下层交叉作业要设安全防护隔离棚。在实施大型或笨重物件的吊装时，每个节点或作业层都必须设置带围栏的操作平台。锅炉钢架、加热面等项目施工中，在正式走台没有形成前，务必采用安全水平扶绳。电焊机采用集装箱布置，二次线成束布设，配备快装接头，少占场地，方便施工。氧气、乙炔采用集中管道输送，主厂房内、组合场内取消氧气、乙炔气瓶。氧气、乙炔管道减压接头处加装止回防火装置。

(3) 安全设施颜色

临时围栏、孔洞盖板分区统一标号，涂上明显红白相间的颜色；垃圾通道涂黄色；候梯棚涂安全绿色；焊机集装箱涂红色；卷扬机棚涂天蓝色；箱式变压器和便携式配电盘统一编号，涂天蓝色；定置摆放区域界线涂红白相间色；消防器材涂红色；高层水冲洗厕所涂白色。

3.3 班组安全例行工作与标准化建设

3.3.1 电力生产、传输的安全运行和管理

有关电力生产的生产流程及特点已在“1.1电力生产相关知识”中简述过了，发电厂的类型虽很多，但从能量转换的观点分析，其生产过程却是基本相同的，概括地说是把燃料中含有的化学能、水库大坝里的水的高度势能、太阳能、风能、原子核的裂变能等转换为电能的过程。而电力的传输和使用技术过程更是相通的。

随着国家电力体制改革的深入，现代化电力生产和传输将由三种职业者（职业投资者、职业经营者和职业管理者）按社会专业化分工规则和经济规律原则共同合作来运作，一种新型的电网工作管理模式即将应运而生。这种模式的核心就是把发电设备的运行、维护管理工作独立出来，不再设立运行维护和检修队伍。将电力生产和传输技术工作进行完全的标准化、规范化、流程化、程序化以至细节化、模块化，使电力生产和传输技术管理工作实现科学、制度、规范和流程程序化，使运行维护管理人员的工作标准化、动作行为规范化，从而实现电力生产和传输工作专业化、生产人员职业化。

3.3.1.1 电力生产、传输“职业化管理”的概略框架

上述电力生产、传输的科学化管理模式是按照ISO 9000质量管理体系、ISO 14000环境管理体系、OHSAS 18000职业健康安全管理体系、《现代企业管理制度》《电力企业管理标准》《电力安全工作规程》等所要求的原则，结合电力生产和传输的

具体实际而建立的，形成安全生产保证监督体系、质量管理保证及监督体系、环境管理保证及监督体系、职业健康安全管理保证及监督体系、技术管理保证及监督体系、人力储备保障体系、应急预案处理及快速响应保障体系、后勤服务八大保障体系。

根据上述《电业安全工作规程》《电力企业管理标准》标准化的“四大”目的（技术储备、提高效率、防止再发、教育训练），按照“五按”（按程序、按线路、按标准、按时间、按操作指令）、“五干”（干什么、怎么干、什么时间干、按什么线路干、干到什么程度）、“五检”（由谁来检查、什么时间检查、检查什么项目、检查的标准是什么、检查的结果由谁来落实）的要求进行工作。把企业内的成员所积累的技术和经验，形成标准、程序和模块文件，并通过文件的方式来加以保存，从而不会因为人员的流动，使整个技术、经验跟着流失。达到个人知道多少，组织就知道多少，这也就是将个人的经验（财富）转化成为企业的财富；更因为有了标准化，即使每一项工作换了不同的人来操作，也不会因为人的不同，在效率与品质上出现太大的差异。

3.3.1.2　电力生产、传输“职业化管理”中的标准化

电力生产、传输的科学化管理模式的基石是管理的标准化，贯彻实施 ISO 9000 质量管理体系、ISO 14000 环境管理体系、OHSAS18000 职业健康安全管理体系、《现代企业管理制度》、《电力企业管理标准》《电力安全工作规程》等技术规范。毫无疑问，更贴近电力生产与传输实际的是后面两个技术标准。

（1）《电力企业管理标准》

首先根据电力企业的具体实际情况，做到全面、先进、科学和可操作性强，其次注重自成体系，做到“凡事有章可循”“凡事有据可查”。通过在实践中的不断改进和完善，最终《电力企业管理标准》实现无交叉、无重叠，表述清晰准确、不冗长、程序化强。采用流程、程序、书表（特别是计划表）作为工作的主线，用标准来规范、约束员工的工作行为，确立电力生产和传输过程的生产秩序，阐明了生产组织机构、部门职能和岗位描述，明确了岗位分工和岗位职责。

（2）《电力安全工作规程》

国家电网公司制定和颁布的《电力安全工作规程》（GB 26860—2011），从“作业人员的基本条件”“作业现场的基本条件”“高压设备工作的基本要求”“保证安全的组织措施”“保证安全的技术措施”“线路作业时变电站和发电厂的安全措施”“带电作业”“发电机、同期调相机和高压电动机的检修、维护工作”“在六氟化硫电气设备上的工作”“在停电的低压配电装置和低压导线上的工作”“二次系统上的工作”“电气试验”“电力电缆工作”“一般安全措施”等诸多方面规定了加强电力生产现场管理，规范各类工作人员的行为，保证人身、电网和设备安全的工作规程。坚持人员少而精，提倡一工多艺，一专多能，按岗位职务制原则设置岗位，建立规范化的电力生产和传输秩序，做到“凡事有人负责”“凡事有人监督”“安全工作重担大家挑，人人身上有指标”的工作状态。

3.3.1.3　电力生产作业中的现场标准化

电力生产和传输工程中有许多技术标准和规范，它们包括汽轮机、发电机、锅炉、水处理、采暖通风、土建、消防、输煤、电气仪表、供排水、环境保护、安全生

产与卫生等各个方面的设计、安装和运行过程，更关乎电力生产和传输过程的安全。鉴于标准数目太多，不宜在此一一罗列。在电力生产和传输过程中采用标准化作业，则是一项从根本上保证职工在劳动过程中安全和健康的重要措施。

美国管理学家、标准化作业的创始人弗雷德里克·泰勒首次提出了标准化作业的概念。①工人提高劳动生产率的潜力是非常大的，但人的潜力不会自动跑出来。②规模较大的企业，其管理人员应该把一般的日常事务授权给下级管理人员去负责处理，而自己只保留对例外事项、重要事项的决策和监督权。因此，对于常规的工作只需给每一个生产过程中的工序建立一个标准程序，员工只需按照成熟的、固定的工作程序进行作业。这样管理人员既可有足够的精力进行重要事项的决策，也可以保证已经做出的决策不折不扣得到落实。

所谓标准化作业，就是对每道工序、每个环节、每个岗位直到每项操作都制定科学的标准，全体职工都按各自应遵循的标准进行生产活动，各道工序按规定的标准进行衔接。实行标准化的目的，就是要统一和优化生产作业的程序和标准，求得最佳的操作质量、操作条件、生产效益。采用标准化作业，是一项从根本上保证职工在劳动过程中安全和健康的重要措施。根据国家电网生［2006］356号文之附件《国家电网公司关于开展现场标准化作业工作的指导意见》，现场标准化作业是以企业现场安全生产、技术和质量活动的全过程及其要素为主要内容，按照企业安全生产的客观规律与要求，制定作业程序标准和贯彻标准的一种有组织的活动。开展现场标准化作业是开展“爱心活动”，实施“平安工程”的基本要求，是确保现场作业任务清楚、危险点清楚、作业程序清楚、安全措施清楚、安全责任清楚，人员到位、思想到位、措施到位、执行到位、监督到位的有效措施，是生产管理长效机制的重要组成部分。标准化作业的主要内容是按照工作人员（生产作业人员、检修人员、管理人员）的工作性质，标准化作业分为三个系列，每个系列要制定的标准化作业的主要内容有以下几方面。

（1）作业程序标准化

根据各岗位、工种的作业要求，从生产准备、正常作业到作业结束的全过程，确定正确的操作顺序，使作业人员明确先做什么后做什么。通过对生产程序的管理，落实各级人员的安全职责，明确工作内容和要求，从而避免了由于组织措施不到位而导致的事故风险。

（2）现场操作标准化

根据各岗位、工种的作业步骤，从具体操作动作上规定作业人员应该怎样做，达到相关标准，使作业人员行为规范化。

（3）技术工艺标准化

根据不同生产作业所涉及的原料、燃料等具有的不同的理化特性，制定相应的技术要求及科学的工艺作业标准。

（4）安全作业标准化

涉及操作标准化、设备管理标准化、生产环境标准化、人的行为标准化、物的管理标准化以及相适应的生产环境条件等。严格执行现场标准化作业应能起到反违章的效果。

（5）设备维护标准化

随着时间的推移和生产的进行，设备出现磨损、老化的问题，需不断维护保养，及时更换易损的零部件，在标准中做出明确规定。

（6）机、电设备标准化

对每台设备建立安全防护标准，明确规定设备完好标准、安全防护设施的要求等，以消除物的不安全因素。

（7）工具、器具标准化

与机、电设备相对应的、电力生产中使用的一切工具、器具等，均应达到良好的标准状态。对于工器具出现磨损、老化等问题，需要定期试验检测，不断维护检修和保养，及时更换易损的零部件，以消除物的不安全因素。

（8）质量控制标准化

试验、检修、电气操作等现场作业应达到质量标准，并符合相关规程规定。对企业生产的产品、中间产品均应制定几何尺寸、理化特性、外观形状以及检验方法等标准。

（9）文明生产标准化

根据文明生产要求，对作业场所必须具备的照明、卫生条件、原材料及成品、半成品的运送和码放、工具和消防设施管理等涉及的一切与文明生产有关的内容，均应有具体的规定并满足要求。

（10）现场管理标准化

根据生产场地条件和文明生产要求，对作业场所必须具备的通道、照明、工业卫生条件，原材料及成品、半成品的运送和码放，工具和消防设施管理作业区域、护栏防护区域，物料堆放高度和宽度等做出具体的规定，纳入标准化管理。

3.3.2　电力生产作业活动的组织与跟踪方法

电力生产作业活动的组织与跟踪基本上是按照现场标准化作业指导书执行的。

现场标准化作业指导书是指对每一项作业按照全过程控制的要求，对作业计划、准备、实施、总结等各个环节，明确具体操作的方法、步骤、措施、标准和人员责任，依据工作流程组合而成的执行文件。它的主要构成包括：基本信息；人员分工及准备工作；器具材料，工器具相关资料、记录；作业程序及过程控制；工作终结。

标准化作业指导书的应用包括以下几方面。

① 进行现场作业时，必须使用经过批准的现场标准化作业指导书。

② 现场标准化作业指导书在使用前必须进行专题学习和培训，保证作业人员熟练掌握作业程序和各项安全、质量要求。

③ 各单位应在遵循现场标准化作业基本原则的基础上，根据各自实际情况对现场标准化作业指导书的使用做出明确规定，以方便现场使用为原则。

④ 在现场作业实施过程中，工作负责人对现场标准化作业指导书的正确执行负全面责任。工作负责人应亲自或指定专人根据执行情况逐项打钩或签字，不得跳项和漏项，并做好相关记录（能够记录项目的实际位置、设备的实际位置，有具体的项目实际数据），有关人员也必须履行签字手续。

⑤ 对于在杆塔上等高处特殊作业项目，签字可以与作业分开进行，但在开工前作业人员应学习并掌握工作流程和安全、质量要求。作业时地面负责人应及时提醒高处作业人员注意作业行为、掌握工作节奏和进度；作业人员返回地面后应对高处作业质量补充履行签字手续，以保证作业质量达到作业指导书的要求。

⑥ 依据现场标准化作业指导书进行工作的过程中，如发现与现场实际、相关图纸及有关规定不符等情况时，应让工作负责人根据现场实际情况及时修改，现场标准化作业指导书，经现场标准化作业指导书审批人同意后，方可继续按现场标准化作业指导书进行作业。作业结束后，现场标准化作业指导书审批人应履行补签字手续。

⑦ 依据现场标准化作业指导书进行检修过程时，如发现设备存在事先未发现的缺陷或异常，应立即汇报工作负责人，并进行详细分析，制订处理意见，并经现场标准化作业指导书审批人同意后，方可进行下一项工作。设备缺陷或异常情况及处理结果，应详细记录在现场标准化作业指导书中。作业结束后，现场标准化作业指导书审批人应履行补签字手续。

⑧ 作业完成后，工作负责人应对现场标准化作业指导书的应用情况作出评估，明确修改意见并在作业完工后及时反馈现场标准化作业指导书编制人，现场标准化作业指导书编制人应及时做出修订或完善。

3.3.3 班组安全管理的例行工作

① 经常不断抓安全教育工作。

② 坚持班前安全站班会，要结合当日工作任务做好事故预想和工作危险预想，布置工作时交待安全措施和讲解安全注意事项。将站班会上布置的安全措施，交待的安全注意事项内容，及时记入班长工作日记；重点工作时安全员要登记在安全台账上，以备查阅。

③ 搞好月末班组安全大检查，以及每月 20 日开展以消防安全为主要内容的安全检查日活动。

④ 坚持搞好周四安全日活动，运行班组以安全轮值学习日认真组织进行，遇有节假日或其他特殊情况不能按时活动时，应于本周内补课，不得无故取消，安全日活动要以保证人身、设备安全为主题，总结一周的安全情况，提出下一周安全工作的要求和措施；学习兄弟单位的安全经验、教训；分析违章作业的人和事及其事故苗头，从中得到教益，做到警钟长鸣。安全日活动由班长或安全员主持，活动的内容应事先有准备，讨论和决定的问题或制定措施对策要有记录；即参加人数、主持人、活动内容、时间等都详细记录，对已经决定的问题和制定措施，下次活动时必须进行检查，班长应加强领导，支持安全员的工作，防止走过场。

⑤ 坚持贯彻“安全第一、预防为主”的方针，做到防患于未然，要从思想、组织、措施、设备等方面做好预防工作；要严格“安规”“两票”执行和落实好安、反措计划，并抓好季节性设备事故预防工作。

⑥ 抓好岗位培训大练基本功，做到“四懂（懂原理、懂构造、懂用途、懂性能）三会（会操作、会维护、会排除故障）”“三熟（熟悉设备、系统和基本原理，熟悉操作和事故处理，熟悉本岗位的规程和制度）三能（能正确操作和分析运行状况，能

及时发现并排除故障，能进行一般维修和使用常用仪表）”，使每个职工做到技术过硬，进一步提高全班人员技术素质。

⑦ 搞好班组的安全考核。班组要对个人进行安全考核，并且同经济责任制挂钩。对于违章、违制及造成差错、异常以上的不安全情况要做到两个百分之百，即百分之百登记，无论造成损失与否，均按考核条件百分之百扣奖。对于在安全生产中做出贡献者，给予奖励。对成绩特别突出者，可向车间或安监部门推荐记功、嘉奖等。

第4章 电力生产过程中常见的安全隐患

4.1 电力企业危险识别及其预控

4.1.1 电力生产过程危险点分析与识别

4.1.1.1 危险点

《现代汉语词典》中对“危险”二字的定义是“有遭到损害或失败的可能”。在生产、工作和生活中，危险指的是能导致事故发生的既有或潜在的条件，若事故发生的可能性（概率）和所具有的危害性（严重程度）超过了允许限度，则所从事的活动或对象是危险的，否则认为是安全的。所谓危险点就是事故的易发点、多发点、设备隐患以及人的失误潜在点。危险点是一种诱发事故的隐患，如果不进行防范和治理，在一定条件下它就有可能演变为事故。

人们在危险因素的量变过程中，没能引起高度重视，缺乏事先分析、预想和采取有效的防范措施，任其产生质的变化，最终造成了伤害和损失。对各类危险因素进行系统的预先分析、辨识，可以增强人们对危险性的认识，克服麻痹思想，防止冒险行为；能够防止由于技术业务不熟而诱发事故；能够使安全措施更具有针对性和实效性；能够减少乃至杜绝由于指挥不力而造成的事故。所有危险因素都是可以提前认识和超前预防的，只要措施得力，危险因素是完全可以控制和消除的。因此，做好危险因素的分析和预控是实现安全生产的前提和保障。

电力生产和传输过程的特点是点多、面广、线长、高温、高压、高空、强电，因此为高风险行业。为有效地杜绝和遏制各类事故，保护劳动者的安全与健康，促进整体安全管理水平不断提升，确保企业安全生产持续、稳定、健康发展，必须根据电力安全工作规程要求，编制、审批日常生产作业、检修项目、技改工程等作业项目中安全技术措施，检查指导检修任务、作业项目中的危险点分析，并予以监督、检查与考核。

（1）危险点的含义

危险点是指在生产作业中有可能发生危险的地点、部位、设备、工器具和行为动作等。通常包括三个方面：一是有可能造成危害的作业环境；二是有可能造成危害的机器、设备等物体；三是作业人员在作业中违反安全工作规程，随心所欲的行为。

作业环境中存在的不安全因素，机器设备等物体存在的不安全状态，作业人员在作业中的不安全行为，都有可能直接或间接地导致事故的发生，我们都应当把它们看成是作业中存在的危险因素，从而采取措施加以防范或消除。

从安全生产角度来解释，危险源是指可能造成人员伤害、疾病、财产损失、作业环境破坏或其他损失的根源或状态。常见的危险源类型及可能产生的伤害有以下几点。

① 机械能（势能和动能）。意外释放的机械能是导致发电厂事故时人员伤害或财产损坏的主要能量类型。

② 电能。意外释放的电能可能使电气设备的金属外壳等导体带电，当人体与带电体接触时会遭到电击而发生人身触电伤害事故。意外释放的电能是导致人身触电或电气设备事故主要的能量类型。

③ 热能。热能的意外释放可以灼烫人体或物体，造成人体伤害或财物损坏事故。火灾是热能意外释放的最典型的事故。

④ 化学能。有毒有害的化学物质使人员中毒，是意外释放的化学能引起的典型伤害事故。一旦意外释放作用在人体上或通过人体的呼吸系统吸入人体，可能发生人体化学性烧伤事故或急慢性中毒、致病、致畸、致癌等伤害。

⑤ 非电离辐射能量。在发电厂生产过程中经常接触到的非电离辐射能量主要有：金属探伤检测用的χ射线、γ射线、电焊或锅炉燃烧过程中的高温热源放出的紫外线、红外线等有害辐射，都可能造成人员的内部器官或视觉器官的损坏。

弄清常见的意外释放或逸出的能量类型、能量源、能量载体，研究它们对人体或物体的致害方式、后果以及可能导致发生的事故类型，将有助于我们掌握了解电力生产事故的规律、特点，避免或减少事故的发生。

（2）危险点的特性

危险点是可能导致或诱发危险源能量或危险有害物质意外释放或散逸的因素，主要包括人的不安全因素、物的不安全状态和管理方面的缺欠等，它是导致事故发生的根源。在电力生产过程中，危险点一般具有以下特性。

① 具有客观实在性。它是真实客观存在的，一旦主客观条件具备，它就会由潜在转变为事故。在电力生产过程中客观存在着，促使或激发能量意外释放的因素，并始终伴随着生产危险点的客观存在是必然的，是不以人的意志为转移的。

② 具有潜在性。它存在于即将进行的作业过程中，不易被人们意识到或及时发觉，极易造成伤害。在电力生产过程中，能够促使或激发能量意外释放的因素往往是以潜在的、隐蔽的表现形式围绕着危险源存在的。在各危险点相互作用之前，每个危险点都以单一的表现形式存在，不表现其各自的危险性。因此，危险点的分析、识别往往具有一定的难度，并取决于分析、识别人员的素质和能力。

③ 复杂多元性。在电力生产过程中，危险点存在的形态是多样的，存在于与生产过程中相关的人员、设备、环境、机具、管理等诸多方面，而且其表现形式随作业人员、作业点、使用的工具以及作业方式的不同而异。

④ 运动转移性。危险点在其运动、发展过程中具有与其他危险点才能相互传递

和转移的特性。在危险点预控工作中要充分认识危险点的这一特性，考虑到危险点间的相互关系、影响以及危险点运动变化的客观规律。

⑤ 反应连锁性。在电力生产过程中，各类事故的发生是多种危险点由于偶然的因素产生连锁反应、激发能量意外释放的结果。因此，在实施危险点预控中要充分注意危险点这一特性。

⑥ 可控转化性。危险点同其他事物一样，是可以认识的，凡是能认识的事物是没有不可以控制的。在电力生产过程中，只要能充分认识危险点的存在、表现、分类、运动、反应特性，掌握其客观规律，就可以控制危险点。

（3）危险点的形成

一般来说，电力生产过程中危险点的形成有以下几种情况。

① 伴随着工作实践活动而形成的作业性危险点。在任何作业过程中，都会存在或大或小的危险性，这就是危险点的客观实在性，即只要有生产作业，就必然会产生相应的危险点。生产作业结束，作业产生的作业性危险点也随之消失。

② 违章冒险作业直接形成的人员素质性危险点。作业人员是生产活动的重要因素，他们的素质高低决定了他们在生产活动中的自我防范能力和遵章守纪的意识。习惯性违章就是作业人员以其错误的态度形成的违反《电力安全工作规程》的不良作业行为，由此必然会形成人员素质性危险点。

③ 伴随机械设备制造缺陷或缺乏维修和检查，累计形成的设备、机具性危险点。由于一些设备在制造或安装过程中遗留了缺陷，在投入运行使用后，工作人员并没有检测到和发现这些缺陷，因而留下了潜伏的设备危险点。另外，在生产作业过程中，必然要使用到相应的机具，如焊接器具、起重机具、电动工器具、一般工器具等，若机具本身存在缺陷，必然会形成相应的危险点，在使用过程中也会使这些危险点逐渐扩大、发展，以致造成危害。在一定条件下，潜伏的危险点就会演变成事故。

④ 违反生产活动客观规律而形成的管理性危险点。主要有相关管理人员不负责任，违章指挥；颠倒或简化作业程序；安全措施漏项；填写工作票失误等。在生产作业活动中，由于规章制度不健全，责任划分不明确，就会造成管理上的混乱，产生管理性危险点。当完善了各项规章制度，明确责任划分，形成了健全的管理机制，就可以有效地规避管理性危险点的发生。

⑤ 伴随工作环境或特殊的天气变化而形成的环境性危险点。由于不良的作业环境，如照明不良，梯子、平台、栏杆残损，孔洞无盖板或围栏，出现不良的天气，如雷、雨、雪、风等，都会产生环境性危险点。

⑥ 与设备、物料发生不当接触形成的性能性危险点。在生产活动中，工作人员不可避免地要接触到有毒有害物质，如酸、碱、粉尘等，易燃易爆物品如油类、乙炔气等，接触特殊物体或设备时，如带电设备、高低温管道、容器等，它们不同于其他物品的特性，也会形成相应的接触性危险点。

安全工作规程是电力系统安全工作的经验总结，对控制和防止危险因素具有至关重要的作用。如果违反安全工作规程，冒险作业，就会使处于安全状态的作业环境危机四伏，险象环生，不仅不能控制已经存在的危险因素，还会生成新的危险因素，进而导致事故的发生。

4.1.1.2 危险点分析与识别

危险点分析指在一项作业或工程开工前，对该作业项目（工程）所存在的危险类别、发生条件、可能产生的情况和后果等进行分析，找出危险点。生产过程中有许多危险点是随机的，因此危险本身有许多不确定点，特别是它受到作业人员的心理和精神状态的影响；另外，危险的程度也难以确定。为防止事故的发生，必须对作业中所存在的危险进行认真分析，找出危险点并全力加以"控制"。

一般来说，公司安全监察部是危险点分析工作管理的归口部门，负责危险点分析工作的监督、检查、与考核，设备维护部负责编制、审批复杂的检修作业项目、技改工程等作业项目中安全技术措施，检查指导一般检修任务、作业项目中的危险点分析工作。

(1) 危险点分析的基本方法

在对电力生产过程的危险点分析预测中，经常使用的方法有以下几种。

① 调查分析预测法。通过对生产活动现场作业的环境、条件、设备系统状况、人员情况等多方面的调查了解，分析推断生产活动中可能存在的危险点，以及危险点的发展趋势和可能造成的危害。这种方法的基础是深入调查研究，在调查研究的基础上，去粗取精，去伪存真，由表及里，由此及彼地进行分析和识别。可采用现场实地调查了解的方法，对照《电力安全工作规程》和公司的管理制度调查分析，或向曾经从事过类似生产活动的人员请教和发动有关人员讨论，群策群力地分析预测危险点等。

② 归纳分析预测法。利用已知的过去曾经发生的或从事过的生产活动事实，分析预测即将进行的生产活动中可能存在的危险点。利用的生产活动事实既可以是本单位过去发生过的事实，也可以是其他单位过去在同类生产活动中发生过的事实。该方法的基础是对已知的事实进行系统地归纳，以查找出更多、更全面的危险点，以供后续的危险点预控借鉴。

③ 演绎分析预测法。按照危险点存在的一般规律，分析、推断生产活动中可能存在的危险点。采用这种方法的前提是必须掌握了解危险点存在的一般规律，如雷雨天气、室外露天作业、空气潮湿时容易发生人身触电的规律等。只有掌握了解危险点客观存在的一般规律，才能更准确地分析、推断出某个生产活动中存在的危险点，从而有效地实施危险点控制措施，防止事故的发生。

(2) 风险识别

风险识别是指在风险事故发生前，运用多种方法系统地、连续地认识所面临的各种风险以及分析风险事故的潜在原因。主要内容包括：防范事故的种类、重点部位和关键环节，风险日常监控主要内容，现场风险控制重点措施等。

遵照国家颁布的《突发事件应对法》和国家电网公司《安全风险管理体系实施指导意见》，按照输电网安全性评价、电网调度系统安全性评价等标准，充分吸收近年来电力系统组织开展的反事故斗争、"百问百查"活动、安全隐患排查治理专项行动等取得的成果，从电网和电源结构、调度运行管理、一次设备、二次系统等各方面，系统辨识电网安全危险因素及薄弱环节，科学评估电网安全风险，对事故的预测不是仅仅凭借经验和事故总结，而是在横向到边、纵向到底、不留死角的区域划分下，根据不同的区域特点，运用现代风险识别技术多角度、全方位进行风险分析，找出危险源，评价它的风险程度，制定对应级别的控制措施。

4.1.2 电力生产过程危险点风险管理

4.1.2.1 风险管理

风险管理是指管理主体（可以是政府部门、企业或个人等）通过对风险的识别、衡量和分析，采用合理的经济和技术手段对风险进行综合处置，以实现最大安全保障的过程。

风险是指可能产生潜在损失的征兆，以及事物由于隐患的存在而处于一种不安全的状态，在这种状态下，可能导致某种事故或一系列的损害或损失事件。当危险暴露在人们的生产活动中时就成为风险，风险不仅意味着危险的存在，还意味着危险发生的可能性，而一旦风险控制失败，将会造成事故。

电力工业是基础产业，它的安全运行不仅涉及电力行业自身，而且涉及各用电力行业的安全和社会稳定，关乎国计民生。因此，社会经济和人民生活对电力供应的风险管理、对电力安全生产的可靠性和经济性的要求越来越高。

风险管理需要按一定的流程进行，它的主要流程包括进行风险管理教育培训、风险识别与评估、风险控制及处理三个环节。

（1）风险管理教育培训

安全风险管理主要围绕安全生产过程中的“人”和“物”做文章，而这些工作都是由“人”来完成的。因此，其首要任务就是要对人员进行风险管理相关知识的教育培训，培训的主要内容包括安全风险意识的树立、风险辨识和控制能力、业务知识与技能等。

（2）风险识别与评估

风险评估的主要内容包括对各专业各单位风险内容的风险程度进行综合评估、对产生风险的关键控制点的控制过程和控制结果进行评估、对控制措施的有效性进行评估等。风险衡量是对特定风险发生的概率及损失的范围与程度进行估计和衡量。评估方法可采取综合性的安全评估，如设备评估、安全性评价、三标一体认证等，也可进行专项调查、现场核查等定期或非定期检查。评估的结果用定性和定量相结合的方式确定，并根据具体的评估结论对于存在突出问题的单位按程度不同予以提示、预警、亮牌。风险评估可借助于现代信息技术，也离不开风险管理人员的直觉判断和经验。

（3）风险控制及处理

风险控制是指在识别和衡量风险后，风险管理人员选择适当的方法和综合方案，对风险加以控制。主要手段包括作业前风险辨识、作业指导书编写、作业风险控制重点措施实施等。对风险的处理由两个主要环节构成，即评估结果的反馈和对反馈的响应。

评估结果的反馈内容包括：对综合风险的评定以半年度的目标管理排序和点评意见的形式进行反馈；对制定建设管理行为的评估结果以各种简报、通报的形式进行反馈；对关键风险控制点的评估结果以隐患通知书、安全预警或其他专项整改通知的方式进行反馈；对控制措施的评估结果结合各种检查工作的意见和建议的形式反馈等。

对反馈的响应是个互动环节：各单位对主管部门的各项反馈意见做出响应，根据意见的重要程度布置立即整改或逐步改进，并按照要求及时报告整改过程和效果，接受评估部门的随时复查；主管部门对于以书面反馈意见形式的响应，在要求的整改期限内要进行相应的跟踪复查，掌握改进情况；以预警、处分形式反映的评估意见，在有效期后根据复查评估结论，做出是否予以撤销的正式意见。

风险管理强调超前控制，即在工作之前就对工作环境和场所中可能产生的事故，用科学的方法进行检查预测并采取相应的防范措施，力争将可能的事故消除在发生之前。

4.1.2.2 电力安全生产中实施风险管理的“六个必须”

（1）必须做到全面、系统地管理风险

风险管理贯穿于管理的各个领域，做不到全面、系统地管理就意味着管理有漏洞，就不可能实现预防为主的目的。风险管理要求全员参与，避免应付敷衍、流于形式；风险评估小组成员所代表的专业、行业、阶层要全，切忌少部分人甚至个人去评价；风险管理的手段要求全面，不同级别风险应有不同的管理手段。风险管理要注意系统性，所有领域、环节的所有风险管理均应执行评估、管理、再评估、责任落实、检查、改进等环节，避免没有统一计划而简单地按部门划分任务，造成谁发现、谁执行、谁检查的情况，从而出现检查人与执行人不分以及工作过程没有反馈、工作结束后束之高阁的无序与混乱现象。

（2）必须与生产实际紧密结合

风险管理过程中必须坚持理论联系实际，注重采纳一线管理者和生产者的意见、建议，吸取自身及兄弟单位事故案例提供的宝贵经验教训，着重作业现场和过程管理，与作业方式、事故类型等实际情况相结合，才能取得进展。只有与生产实际相结合，将安全科学理论与生产实践、经验教训相结合，才能够发挥作用，解决生产过程中遇到的安全问题，取得实效。还要体现风险管理与生产管理的有效结合、互相作用，将各管理部门在科学分类的前提下有机结合，形成一个整体，使电力企业真正实现安全生产。

（3）必须明确组织责任

强调风险管理要求全员参与，并不是要求一线员工都掌握复杂的过程和方法，这样的要求过高，也不切实际，不但不会有助于安全工作，反而在一定程度上会起到相反的作用。一线员工应该仅处于被评估和参与工作的范畴，不承担组织责任。在风险管理过程中，应将设备机具的检查维护交由生产部门完成，安监部门集中精力做好人身安全防范工作，始终强调此项工作是管理者特别是安监队伍的职责。

（4）必须继承并整合安全管理的常规做法

风险管理不应脱离既有的安全管理方法凭空产生，而是在安全性评价和危险点分析预控基础上的拓展、改进、整合。风险管理是在安全性评价的基础上实现工作目标、工作内容、工作重点、工作方式的转变，而不是对原来安全管理方法的摈弃。

（5）必须及时更新管理理念和方法

本质安全是最大的安全效益，是防范事故最坚强的屏障。风险管理是统筹安全管理的有效手段，是提高员工素质能力、全面把握安全局面、改进安全风险控制的管理平台。然而，事物都是不断变化和更新的，风险管理也要适应安全生产发展和安全管理工作需要，主动接受安全生产的新理念、新技术、新方法，及时更新管理理念和方法。

（6）必须注重持续性

风险管理过程中，当危险得到控制，风险降低后可以重新评估。出现隐患、未遂、事件、事故后要及时检查管理制度的漏洞，如果发生风险管理外的事件，就要及时补充风险管理系统，使风险管理得到持续改进。在信息技术飞速发展的今天，要充分利用信息技术的平台，改变管理的单向性、滞后性和封闭性，及时交流和分析安全信息，有效促进风险管理工作。

4.1.3 电力生产过程危险预控

4.1.3.1 危险预控的必要性

在电力生产过程中，危险源、危险点是客观存在的，这一点是不以人的意志为转移的。一旦条件具备，危险源周围的危险点就会促使、诱发危险源发生质的变化，从而引发事故。因此，在认识危险源、危险点的同时，开展和做好危险点预控，对实现电力安全生产目标有着重要的意义。

① 开展和做好危险点预控，可以增强工作人员对生产过程中危险点的认识，克服麻痹大意思想，提高安全生产警觉，减少人员违章行为，防止各类事故发生。从一些事故案例的原因分析中发现，当事人往往对生产过程中存在的危险点及其危害性认识不足，存在有险不知险的不安全行为，诱发了能量的意外释放，造成财产损失或人身伤害。开展危险点预控，可以在事前分析预测到哪些不安全行为可能导致事故发生，造成什么样后果，怎样去防范和控制，操作人员也就不会明知有险而去冒险了。

② 开展和做好危险点预控，可以使工作人员更加清楚地认识到生产过程中危险点是客观存在的，从而增强工作人员安全生产的自觉性。危险点预控实质上也是对职工进行的强化安全教育。通过危险点预控，可以使工作人员认识到在实际的生产活动中客观存在的危险，如果不加以控制，必将危及生命和财产安全，同时激发其安全的需求和欲望。

③ 开展和做好危险点预控，可以避免忙中出错及导致事故发生。长期安全生产实践表明，凡事预则立，不预则废。在生产作业前工作人员有目的、有针对性、有准备地采取措施控制生产过程中危险因素，防止仓促上阵，准备不充分，安排不周全从而导致的忙乱无序。这本身就是一种不安全行为，必然留下事故隐患。反之，在事前开展危险点预控，把可能存在或发生的危险因素一一加以研究，制定有针对性的防范措施，使生产作业有序进行，就完全有可能避免事故的发生。

④ 开展和做好危险点预控，可以使生产过程中的安全技术措施更加完善、可靠，有效地防止事故的发生。在电力生产过程中实施的工作票、操作票制度，是一种防止事故发生的有效措施。危险点预制措施的制定要具体可行、全面可靠，并且要明确危险点预控是对“两票”制度的补充和完善。前者是保障生产系统及设备的安全经济运行和工作人员的人身安全；后者是控制工作人员在作业或操作过程中危险点控制措施编制后，应由上一级负责人负责，对自身和他人的生命财产安全，以及系统设备工程

技术人员或安监人员审批，对重大或危险性较大的项目，应由企业高层领导或职能部门审批。

4.1.3.2　危险点预控的基本内容及程序

电力生产过程中的危险点预控是针对生产活动存在的危险点制定控制措施。在电力生产和传输中，对于危险点预控技术有宏观控制技术和微观控制技术两大类，其中微观控制技术是针对具体的危险点进行控制的，所采用的主要手段是整改措施、组织措施、安全技术措施、预警提醒和监护，作业过程中人为失误危险点的预控关键是规范人的行为，实施标准化管理。采用的技术手段主要有法制手段，经济手段、行政手段以及教育手段。在具体实施过程前，通过一定的途径对生产活动中的不安全因素，包括人的不安全行为、物的不安全状态、管理缺陷以及其他方面的危险因素，或者实施危险点预控措施本身也可能带来新的危险点进行分析判断，制定和实施控制措施，并在实施中加以补充、完善。危险源预控的基本内容与程序包括下列几点。

（1）危险点的再分析判断

针对生产活动所涉及的人员情况、设备状况、作业环境、条件及生产活动管理等，客观地、实事求是地分析和判断存在哪些不安全因素，以书面形式一一列出。

（2）危险点控制措施的编制和审批

根据危险程度的大小，可将电力作业中的危险点分为两类，第一类为直接类危险点，指可能直接导致误操作、误调度、误碰、误动设备事故及人身事故的危险点；第二类为间接类危险点，指通过第一类危险点起作用而可能构成事故的危险点。由于危险点的危险程度有重有轻，导致事故的进程也有缓有急，由此对危险点的控制也应有所侧重，对第一类危险点应重点实施控制。在危险点分析、判断的基础上，针对生产活动中可能存在的危险点，制定相应的防范控制措施，由从事生产活动单位的工程技术人员主持编制，必要时由行政负责人组织有关人员讨论共同制定。

危险点控制措施编制后，应由上一级负责人、工程技术人员或安监人员审批。对重大或危险性较大的项目，应由企业高层领导或职能部门审批。危险点控制措施审批人对措施的完整性、严密性、可靠性、可行性负责。

（3）进行危险点预控措施的交底

危险点预控措施的交底是危险点预控工作的关键环节。危险点预控措施经编制、审批后，应由从事生产活动单位的负责人、工程技术人员或工作负责人主持，召集全体与生产活动有关的人员进行危险点预控措施的交底，布置具体的控制措施，明确分工，落实责任，强调安全注意事项。被交底人员应在交底后履行签名、确认的手续。

（4）危险点预控措施的实施

为了保障危险点预控措施的认真落实，一般应将它们以书面的形式制定成预控措施卡，下发到各个相应的岗位（或者悬挂在相应的设备上），保证现场工作负责人、监护人清楚危险点的所在和应该采取的防范措施。

设备固有危险点要通过检修、改造及时消除，根除潜在的危险；对一时无法消除的危险点，或者从技术或经济上难以进行根本性治理的，可通过向有关部门或上级领导请示后采用其他预控措施和应急方案作为补救。人的行为危险点要通过端正态度，加强责任心，严格执行《电力安全工作规程》《电力建设安全工作规程》和“两票三制”，开展标准化、规范化、程序化作业，科学而合理地制定作业标准、安全操作规程，规范作业人员的行为，坚持不懈地杜绝习惯性违章。

(5) 危险点预控措施实施情况的检查和监督

在生产活动间断或结束时，从事生产活动单位的上级负责人、同级负责人应组织全体参加人员对危险点预控措施的实施情况做检查、总结，表扬严格实施的，批评忽视安全、违章作业等不良现象，并整理好记录，必要时在一定范围内通报公示，以便同类型生产活动借鉴。

在危险点预控措施实施过程中或对预控措施做出调整、补充、完善后，从事生产活动单位的上一级或更高层次的行政领导、工程技术管理人员或安监人员应到危险点预控措施实施的现场检查、监督预控措施是否全部落实，责任分工是否明确，措施是否完整、严密、可靠，并及时纠正预控措施实施中的问题。

4.1.3.3 危险点控制措施的编制

经过分析预测，对生产作业中可能存在的危险点要逐一制定对应的控制措施。危险点预控措施的制定必须全面，突出重点，具有可操作性。所谓“全面”，就是考虑充分、周到，对可能存在的危险点都要逐一考虑，尽可能完整；所谓“重点突出”，是指所制定的措施必须能够满足控制危险点的需要；所谓“具有可操作性”，要求所制定的控制措施针对性强，易于掌握要领和落到实处，切实可行。

危险点控制措施的编制要做到宏观控制和微观控制互相结合、互相补充，建立人为失误事故立体的、多层次预控系统。编制原则包括以下几点。

① 闭环控制。危险点的预控必须从源头抓起，行为危险点要从安全教育培训抓起，实施过程控制，在项目开工前，对危险点进行识别、分类、评价，在施工过程中不断改进和消除，防止危险点重复产生，形成闭环管理。

② 动态控制。由于危险点具有复杂多变性，旧的危险点会消除，新的危险点会不断出现，并且随着条件的变化，危险点的危害程度也在变化，因此危险点的控制是动态的。要充分认识危险点的运行变化规律，适时调整预控思路和方法，才能收到预期的效果。

③ 多层次分级控制。以多层次分级控制来增加预控系统的可靠度。危险点预控工作应根据危险点分类规律，采取分级控制的原则，对单位、部门、班组、个人应分别明确控制重点和责任，落实作业现场各类人员的安全生产责任制，达到各有侧重，层层把关，形成立体安全防护网络。

在电力生产过程中，危险点的控制主要是通过管理和安全技术手段两个方面来实现的。

(1) 管理手段

所谓的安全管理就是“创造一种环境和条件，使置身于其中的人员能够有秩序地进行组织协调工作，从而完成预定的使命和安全生产目标。”安全管理是电力生产过程中实现安全生产的基本的、重要的、常规的对策，是有效控制生产事故发生的基础要素和前提要素。安全基本管理步骤程序见图 4-1。

管理手段主要体现在以下几点。

① 建立健全危险点预控管理的规章制度，用制度约束工作人员的行为，做到有

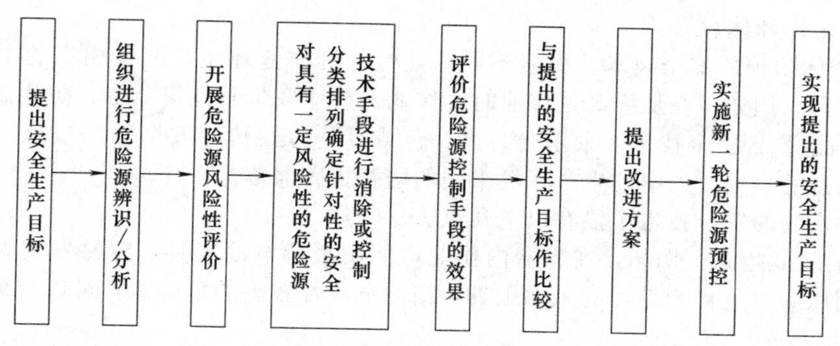

图 4-1　安全基本管理步骤程序

章可循，避免发生危险点预控工作的随意性；

② 规范危险点预控工作程序，使工作人员清楚预控工作怎么做，做的内容是什么、标准是什么；

③ 预先制定危险点的预控措施，使危险点预控落到实处；

④ 结合实际进行安全教育培训，对控制措施逐一讲解或交待，使工作人员对可能存在或出现的危险点及其危害有所认识，明了怎样采取措施进行控制；

⑤ 落实责任，强调重点，明确分工，使工作人员明确控制措施的执行人的安全责任；

⑥ 全面落实控制措施，对预控措施中所列内容不遗漏，不走形式，坚持措施执行标准，保证措施的控制质量；

⑦ 在危险点预控措施实施过程中，深入调查，认真分析，及时完善危险点控制措施，有效地实现危险点预控；

⑧ 指导服务到位，按章监督检查，要求工作人员的上一级领导或管理人员对生产活动现场的危险点预控工作行为到位，对照有关的安全生产规章制度检查监督；

⑨ 坚持认真不懈地总结经验教训，积累宝贵的资料，实施全过程管理。

（2）安全技术手段

一般来说，在电力生产危险点的控制过程中，采用的安全技术主要有以下几种：

① 降低潜在危险因素数值的安全技术。在生产活动中危险不能根除的情况下，尽量降低危险因数，即使发生了能量和危险物质的意外释放，也不会对人身、设备造成伤害或损坏。例如，在生产现场的行灯采用 36V 安全电压；在容器内作业的行灯则采用 12V 的安全电压等。

② 能量屏障安全技术。在人、物与危险源之间设置屏障，防止意外能量作用到人体或物体上，保证人身和设备安全。如在生产现场交叉作业时，设置的隔离层；上方有人作业时，在下部设置临时隔离围栏等。

③ 距离防护安全技术。人为限制人、物与危险源的距离，使其保持一定的安全距离，防止危险源对人或物体造成伤害或损坏。

④ 时间防护安全技术。将工作人员暴露于危害、灾害中的时间缩短到安全程度之内。例如，《电力安全工作规程》中规定在汽鼓内工作的人员应根据身体情况，及时休息与轮流工作；当地下维护室和沟道内温度在 40～50℃之间时，工作人员也应

适当轮换工作和休息等。

⑤ 个体防护的安全技术。根据不同作业性质和作业环境，配备相应的个人保护用品和用具。例如，在从事高处作业时，作业人员应佩带悬挂安全带、防坠器等。

⑥ 信息警告安全技术。采用光、声、色或其他方式传递安全警示信息，提醒人员应当注意的事项。如电气生产现场采用的语音报警器等。

可供实施的安全技术手段有以下几点。

① 消除危险源。例如，在容器内作业，使用手持电动工具，容易发生人身触电事故，用压缩空气作为动力的风动工具，消除危险性较高的危险源，可以避免人身触电事故。

② 限制能量或危险物质。主要包括减少能量或危险物质、防止能量或危险物质的蓄积、安全释放能量。

③ 隔离。a. 分离（指从时间或空间上隔离），防止一旦相遇可能产生或意外能量释放的物质相遇。b. 屏蔽（指利用物理屏蔽措施），限制约束能量或危险物质。一般来说屏蔽较分离更可靠，因而在电力生产中得以广泛应用。c. 远离，把可能发生事故时而释放出的大量能量或危险物质的设备、设施等布置在远离人群或被保护物的地方。例如，把液化气站、油库等布置在远离市区或远离主要生产设施的地方等。d. 封闭，利用封闭手段控制有可能造成事故的危险局面，限制事故的影响。例如，检修现场实行标准化作业，在上部作业面的下部设置临时围栏及设置“安全通道”等，防止落物伤人而发生事故等。

④ 缓冲。使用某种物质媒介吸收能量，减轻能量的破坏作用。例如，“进入生产现场必须佩戴安全帽”的规定就是防止一旦落物冲击，缓冲能量对人员头部的作用，减少或避免伤害等。

⑤ 信息屏蔽。利用各种警告信息形式设置屏蔽，阻止人员的不安全行为或避免发生行为失误，防止人员接触“危险性”能量。

⑥ 个体防护。也是一种隔离措施，把人体与意外释放的能量或危险物质隔离开。例如，“做接触高温物体的工作时，应戴好手套和穿专用的防护工作服”等。

⑦ 设置薄弱环节。利用事先布设好的薄弱环节使事故能量按照人们的意图释放，防止能量作用于人体或被保护物体上。例如，在电气线路上设置的熔断器等。

⑧ 避难与援救。为了满足事故发生时的应急需要，要充分考虑到一旦发生事故时人员的避难和援救措施。例如，在生产厂房或重点区域设置安全出口和应急灯等。

在危险源控制时应特别注意的是：虽然通过实施安全技术手段可以控制原有的危险源，但危险源控制手段自身又可能带来新的危险性，因此，无论采取哪种手段控制危险源时，仍然需要进行新的危险源辨识和评价工作。

4.2 带电作业中的安全隐患

电力生产及传输过程中采用带电作业方式，可以大大减少停电时间和停电范围，保障用户的安全稳定用电。因此，开展配电网带电作业是社会和经济发展的必然要求。目前，借助于绝缘斗臂车、绝缘遮蔽用具、高效的个人绝缘防护用具等，使配电网带电作业的安全性大大提高。

根据人体所处的电位高度，带电作业可分为间接作业法、中间电位作业法和等电位作业法三种。间接作业法是指人处于地电位，通过绝缘工具代替人手对带电体进行作业，其特点是工作人员不直接接触带电体；中间电位作业法是指在人体与地绝缘的情况下，利用绝缘工具接触带电体的作业法，其特点是工作人员处于中间电位，不与带电体直接接触，这种作业法常用于220 kV及以上的线路；等电位作业法是指人体与地绝缘的情况下，工作人员直接到带电体上进行工作等，这种作业法也称直接作业法。

务必保证作业人员及设备的运行安全是开展带电作业的前提和基础。没有带电作业的安全也就没有电网的安全。影响带电作业安全性的因素大都集中在管理、工器具、作业方式、人员素质等方面。

4.2.1　带电作业事故的诱因

4.2.1.1　带电作业安全的基本要求

① 带电作业应在良好的天气下进行，必须将高压电场强度限制在对人身安全和健康无损害的数值内（通过人体的电流在安全电流1mA以下）。

② 在用间接作业法和中间电位作业法时，应特别注意静电感应问题。工作人员与带电体之间的距离不得小于《电力安全工作规程》规定的数值，应保证在电力系统中发生各种过电压时不会发生闪络放电（指输电线路的绝缘子由于表面污损，周围感应电场强度极高，而引起的瞬间击穿，此时，沿固体绝缘子表面发生的气体或液体介质的放电现象。发生闪络后，电极间的电压迅速下降到零或接近于零）。

③ 对于比较复杂、难度较大的带电作业，必须经过现场勘察，编制相应操作工艺方案和严格的操作程序，并采取可靠的安全技术组织措施。

④ 带电作业人员必须参加严格的技术培训，经考核合格后方可上岗。作业时还要指派专人监护。

4.2.1.2　低压带电作业的安全技术

① 低压带电作业应设专人监护，使用有绝缘柄的工具。工作时，站在干燥的绝缘物体上进行，并戴绝缘手套和安全帽。必须穿长袖衣衫工作，严禁使用锉刀、金属尺和带有金属物的毛刷等工具。

② 上杆前，应先分清相线、零线，选好工作位置。断开导线时，应先断开相线，后断开零线。搭接导线时，顺序相反。人体不得同时接触两根线头。

③ 高低压同杆架设，在低压带电线路上工作时，应先检查与高压线路的距离，采取防止误碰高压带电设备的措施。在低压带电导线未采取绝缘措施时，工作人员不得穿越。在低压配电装置上工作时，应采取防止相间短路和单相接地的绝缘隔离措施。

4.2.1.3　对带电作业工具的有关要求

① 用绝缘操作杆进行带电作业时，操作人员处于地电位或中间电位，并与带电体保持一定的安全距离，利用各种绝缘工具进行作业。在满足安全距离的基础上，使用的绝缘工具的绝缘强度，必须大于系统可能发生的最大过电压值。一般绝缘工具大

都装有金属部件。例如，经常使用的操作杆，为了适应不同的电压等级及携带方便，通常都由 2～3 节组装而成，而相互之间一般都有金属接头，操作杆端头部分根据不同的工作需要安装不同的操作头。如推拉隔离开关或跌落式熔断器用的挂钩、取弹簧销用的各种金属器械。在计算绝缘杆长度时，必须减去金属部件的长度。一般将除去金属部分后的绝缘工具的长度称为有效长度。绝缘承力工具和绝缘绳索的有效长度不得小于《电力安全工作规程》规定的数值。

② 在装车去往带电作业场地前，应将绝缘工具用专用帆布袋包装，长途运输应装入专用工具袋内，铝合金工具、收紧杠和液压紧线器等要装入专用的工具箱内，并应放平放稳，严防挤压和碰撞；现场使用的带电作业工具，要放在防潮布上，不允许随意放在地上，以免沾染尘土或受潮；在使用绝缘杆（件）或其他硬质绝缘材料制成的带电作业工具前，要对绝缘工具的表面进行认真检查，表面必须完好无损，用 2500V 兆欧表测定绝缘电阻，有效长度的电阻值不应低于 1000MΩ；作业人员要戴干净的线手套，严禁赤手触摸绝缘工具；杆塔上装拆带电作业工具要用无头绳传递，严禁落地或脚踩。

③ 带电作业工具要设专人管理；保持库房清洁，带电作业工具应存放在干燥、通风的专用房间内保管，房内应设有红外线干燥设备，冬季取暖设备应关闭，防止温差使绝缘工具结露受潮；工具编号登记造册并及时填入机电性能试验数据；制定工具保管使用制度，对损坏的工具要及时维修，发现不合格工具要及时处理或淘汰。

4.2.1.4 引发带电作业事故的诱因

① 不遵守工作票制度，带电作业中擅自增加作业任务，作业人员背部与跳线放电致伤；在无工作票、无监护人、无作业措施、无带电作业操作权的情况下进行带电擦拭油污，引起三相短路；工作票签发人、工作监护人不称职，作业人员误触带电引流线，从电杆上摔下。

② 组织措施混乱，造成接地短路，作业人员被电弧烧伤；带电作业班的班长不称职，作业中蛮干，带电导线对手放电致伤；工作负责人不具备施工资质，违章指挥造成线路跳闸；夜间处理故障，无可靠保护措施和清晰的照明手段，造成相间短路；代培人员直接参加带电作业；绝缘三角板晃动，触电致死；施工方法不当，导致人身触电。约定断、合时间间隙不能保证安全，造成对地和人员放电。

③ 带电连接空载线路时，用户擅自投入空载变压器，改变带电作业状态，产生工频过电压引起作业人员触电；绝缘竖梯绑扎方法不当，或者梯子强度不够，折断摔伤；等电位人员站在固定不牢的绝缘三角板上，作业中发生倾斜导致触电；引流线未固定，剪断时与带电导线相碰；操作位置的安全距离不够，或者绝缘工具的有效长度有限，软梯悬挂不当，用软梯作业引起相间短路；采取的绝缘隔离措施不可靠，作业中触及横担或接地导致触电。

④ 使用的专用带电作业工具失效；绝缘杆、绝缘工具制造质量不良，带电作业中发生失灵；作业人员系用不合要求的安全带，或者没有严格做到“高挂低用”，以致人员从横担上摔下；作业中传递工具人员站的位置不正确，发生高、低压串电。

⑤ 作业中，监护人指挥不当，或者擅离职守，分心从事其他工作，使作业人员失去监护；监护人未干过带电作业，对带电作业中一系列错误操作无能力制止。

⑥ 进行带电作业时，带电作业人员对安全交底事项不清晰，态度不严肃，未校核导线弧垂，造成线路跳闸；未正确着装，不戴绝缘手套从事低压线路带电作业；传递或临时搁置接地线时用腿夹着，不慎脱落，误碰带电线路，使下面传递人员感电致伤；屏蔽服上衣未扣好，前胸敞开，作业中跌开式熔断器脱落掉在胸部；线路检修时绝缘子串摔落地面；误碰未接地的架空地线，感应短路电压。

4.2.2　带电作业的风险管理

4.2.2.1　建立健全确实可行的管理制度

（1）严格执行工作票管理、使用和交回存档制度

带电作业是一项特殊作业，其安全性不仅取决于现场作业方式和作业步骤，也取决于作业网络的运行方式、负荷性质等。带电作业工作票不能仅由带电作业班组长填写，必须经主管领导与安监部门签发，避免因安全措施考虑不全面而造成危险。在现场，工作负责人宣读工作票后，还必须履行作业者复述和签字确认手续，使作业人员明确作业内容、正确理解安全技术交底事项。操作过程中，严格按照工作票规定的内容范围和程序操作。操作执行完毕，由操作人员以及监护人签字后上交给班组长，并统一归档保存。

（2）实施专人定点保管带电作业工器具的制度

优质、安全、可靠的带电作业工器具，尤其是绝缘隔离用具、个人绝缘防护用具是保证配电网带电作业安全的必要手段。在带电工器具的管理中，不能只重视对带电作业工器具的周期性预防性试验，还要指定专门的工器具管理人员做好带电作业工器具的出入库管理，做好使用记录和检查记录。

（3）明确界定带电作业人员的工种，建立相应的培养与考核制度

带电作业的安全性，很大程度上取决于带电作业操作者的素质、理论水平和操作技能。因此，必须加强对带电作业人员工种特殊性的认识，明确带电作业是一个高技能、高投入、高风险的工作，强化作业人员的理论和现场操作培训，提高他们的专业素质，不能仅仅依靠师傅带徒弟的形式培训带电作业人员，还要保持作业人员的相对稳定，确保作业人员长期熟练地从事这一工作。

有些带电作业班组人员既从事停电检修工作，又从事高压送电网的带电作业工作。一方面带电作业人员劳动强度大，不能保证其充分休息，影响带电作业安全性；另一方面带电作业与停电检修的作业习惯不同，带电作业人员同时承担多种工种的工作任务，会使作业者在配电网带电作业出现不正确或错误动作而造成危险。

（4）协调带电作业与停电检修班组间的配合

电力企业一般都很重视带电作业班组以及停电检修班组各自的安全管理，但往往在带电作业与停电检修的配合上存在管理漏洞。有些作业，应该在带电作业班组做好绝缘遮蔽隔离后，再由停电检修班组登杆作业；有时停电检修班组为了抢时间，在带电作业班组未进行绝缘隔离或未完全绝缘隔离的情况下进行登杆作业。这就需要职能部门以管理文件的形式协调带电作业与停电检修班组间的配合。

4.2.2.2　做好作业环境状况的勘察

（1）实时确认天气情况

一般规定，在风速大于5级，湿度大于80%，气温低于0℃、高于38℃时以及雨、雪、雾、雷天气不能进行带电作业。但是，“天有不测风云”，有时现场的天气会发生突变，而一旦发生这种突变，就可能给作业者带来致命的危险。为预防这种“不测风云”，作业现场应配备便携式风速仪、湿度仪，监护人员要经常性地监视天气变化，做到“防患于未然”。

(2) 规范带电作业现场环境

带电作业的现场环境包括附近的交通、建筑物、高低压及通信线路的布置情况，重点是环境噪声及光电干扰情况，在作业前要求作业者必须进行现场踏勘，事先了解环境情况。对交通、人员通行较为复杂时应增加监管人员，环境噪声大的，则应强化通信、联络的监护措施，如果光电（信号）干扰污染严重的，应适当增加带点操作的安全距离。

(3) 对于某些特殊情况要做好紧急预案

有些线路上安装较为特殊，例如：① 部分承力杆和T型杆引流线设置不规范，带电断、接时易造成相间短路；② 部分柱上开关安装形式不规范，限制带电作业的活动空间；③ 支架横担的距离、排列形式未按标准形式安装，对带电作业有妨碍；④ 同杆多回路导线架设较杂，绝缘斗臂车穿越受限；⑤ 部分设备线夹、接线端子和并沟线夹形式特殊，不便于带电作业。这些都带来了带电作业的风险，增加了带电作业难度。对于这些特殊情况要事先进行观察，制定具体的实施方案和出现紧急情况时的预案。

4.2.2.3 确认作业工器具的安全性

① 目前，我国生产用于带点作业的绝缘杆材厂家众多，良莠不齐，许多用户由于缺乏必要的检验手段，也没有及时关注这方面的信息，如果选择不当，误将低劣的绝缘材料用于重要的部位，就会造成重大的人身和设备安全事故。

② 除了上述绝缘部分材料性能不满足要求可能造成隐患外，绝缘工器具的金属头及连接部分的机械强度，或者制造工艺不合格也会暗藏事故隐患。这方面必须通过严格执行各种绝缘工器具的周期性检测试验及其试验方法来给予监测。目前这种监测的难度在于配电带电作业的工具没有统一的形状标准，为了适应操作者的习惯和遮蔽对象的特殊形状，有些硬质绝缘遮蔽用具被做成了很不规则的外形，给试验测试电极的制造带来困难。

③ 带电作业多采用绝缘斗臂车举升操作人和操作平台，斗臂车的声音比较大，给带电作业员与现场监护人之间的通信带来困难，如果监护人的口令不能及时被操作者所接收，其行动就有可能“失控”，因此必须配备质优方便的声控型对讲机，以确保上下沟通清晰。

4.2.2.4 严格执行带电作业的操作规程

具体带电作业安全操作规程详见4.2.3带电作业安全操作规程的内容。

4.2.3 带电作业安全操作规程

4.2.3.1 总则

① 带电作业安全操作本规程系根据《电力安全工作规程》中有关带电作业部分

并结合各地带电作业的实践经验编写而成。

② 带电作业是在带电设备上进行检修或改进的一种特殊工作。

③ 带电作业安全操作规程适用于10～330kV线路和变电设备上进行的一切带电作业。

④ 带电作业人员应身体健康，经过专业知识培训并取得带电作业合格证，熟悉和遵守《电力安全工作规程》带电作业部分，熟悉和遵守带电作业安全操作规程，学会紧急救护法、触电解救法和人工呼吸法。

⑤ 各级主管生产的领导应熟悉和遵守带电作业安全操作规程。调度人员、变电值班人员应了解和执行带电作业安全操作规程的有关部分。

⑥ 带电作业人员因其他原因间断工作连续在六个月以上者应重新考试合格后，方可恢复原工作。

⑦ 凡是重大作业项目、新项目或比较复杂的带电作业项目，应先进行模拟操作试验（新工具投入使用前应经过省级分公司以上单位主持的技术鉴定会通过，并逐一测试其机械和电气性能），定出操作规程，经主管生产的领导或总工程师批准后，才能在带电设备上作业。

⑧ 任何带电作业人员发现有违反带电作业安全操作规程的指挥和操作，有可能危及人身或设备安全的，有权拒绝执行，并立即制止。

⑨ 对认真执行带电作业安全操作规程者，应给予表扬和奖励；对违反本规程或造成事故者，视情节轻重给予必要的处理。

4.2.3.2 带电作业的组织措施

(1) 一般规定

带电作业应有严密的组织措施，明确的现场分工，严格的现场纪律，并有完善的现场勘查制度、工作票制度、工作联系制度、工作监护制度及工作间断转移与终结制度。

(2) 现场勘查制度

① 在进行带电作业之前，根据工作情况，应派有实践经验的人员进行现场勘查。在满足带电作业安全距离的设备上进行一般或常规项目的带电作业时可不现场勘查。

② 现场勘查应注意接线方式、设备特性、工作环境、间隙距离、交叉跨越等情况。根据现场勘查情况做出能否带电作业判断，并确定采用的方法及必要的安技措施。

(3) 工作票制度

① 带电作业应填写带电作业工作票，工作票应经许可人许可后生效开始工作。

② 填写带电作业工作票的工作必须按《电力安全工作规程》中有关规定执行。事故紧急处理时，可不填写工作票，但应履行许可手续并采取必要的安全措施。

③ 工作票应由工作负责人或由他所委托的人员填写。工作票中所列各项措施应正确清楚，不得任意涂改。如有个别错、漏字要修改时，应字迹清楚。工作票一式两份，其中一份由工作负责人执存（或专门保存），另一份由工作票签发人保存（或专门保存）。

④ 一个工作负责人只能发给一张工作票。一张工作票适用于同一电压等级、同

类型项目的作业。在工作期间，工作票应始终保持在工作负责人手中，工作票用后应保存一年。

（4）工作联系制度

① 在进行带电作业时，应与调度联系，联系内容包括电压等级、设备名称、工作内容、作业范围、工作负责人及工作时间等。

② 带电作业时，中性点有效接地的系统中有可能引起单相接地的作业，中性点非有效接地的系统中有可能引起相间短路的作业。复杂的作业以及推广项目，工作前应向调度申请停用重合闸，并不得强行送电。

③ 带电作业时，需要现场挂保护间隙或改变运行结线方式的时候，应事先向调度部门申请，在批准的时间内进行作业。

④ 在变电站进行带电作业时，应与值班员联系，并经其许可。

（5）工作监护制度

① 凡是带电作业必须有专人监护。对复杂的工作和高杆塔、多回路上的工作，在杆塔（或构架）上应增设监护人。

② 在复杂的作业项目中，工作领导人（工作票签发人）应在场加强领导。工作领导人应对以下事项负责：a. 审查该工作是否必要；b. 审查工作是否安全；c. 审查工作票上的安全措施是否正确完备；d. 所派工作负责人和工作班成员是否合适和充足。

工作领导人应由有丰富的带电作业经验、熟悉设备情况和带电作业安全操作规程的生产领导人、技术人员，经公司主管专业工程师审查、主管生产领导或总工程师批准的人员担任。工作领导人不得兼任该项作业的工作负责人。

③ 工作负责人是作业现场的主要监护人，在作业期间，不得离开现场，不得直接进行操作，其主要职责是：a. 正确安全地组织工作；b. 结合实际进行安全思想教育，必要时进行补充现场安全措施，保证作业安全顺利地进行；c. 工作前向全体人员交代工作任务、作业方法和安全措施，明确分配工作岗位；d. 检查工器具、材料、设备是否齐全合格；e. 正确发布一切操作命令，对工作人员不断进行监护，督促工作人员遵守带电作业安全操作规程，及时纠正违反带电作业安全操作规程的行为以及习惯性违章动作。

工作负责人应经处主管生产领导或主任工程师书面批准并报局生技或安监部门备案。

④ 在带电作业中，工作班（组）成员，应互相监护、紧密配合；认真执行带电作业安全操作规程和现场安全措施，对违反规程、危及人身和设备安全的错误命令或行为，有权提出意见或制止；必须按各自的责任，完成分配的工作，以保证安全地完成整个作业。

（6）工作间断、转移与终结制度

① 工作间断时，对使用中的工器具应固定牢靠并派人看守现场。恢复工作时，应派人详细检查各项安全措施，确认安全可靠，方可开始工作。工作进行中，当天气突然变化（如雷雨、暴风等），应立即暂停工作。如此时设备不能及时恢复，工作人员必须撤离现场，并与调度取得联系，采取强迫停电措施。

② 工作转移时，应拆除所有工器具并仔细检查，使被检修的设备、现场恢复正常。

③ 工作结束后，工作负责人应向调度或变电站值班员汇报，对停用了的重合闸应及时恢复。

4.2.3.3 技术措施

(1) 一般技术措施

① 带电作业应在良好的天气条件下进行，如遇雨、雪、雷、雾、风力大于五级、气温超过38℃或低于－12℃等异常情况时，均应停止工作。如必须在恶劣天气进行带电作业时，应经带电作业人员充分讨论，采取可靠措施，并经公司专业工程师批准后方可进行。夜间进行带电抢修应有足够的照明。

② 在带电设备上进行作业前，首先应掌握设备本身的绝缘状况。在不同的额定电压下，要求良好的绝缘子串个数，如表4-1所示。

表4-1 不同额定电压的带电设备上绝缘子串的个数要求

额定电压/kV		35	110	220	330	备注
绝缘子串中应保持良好的个数	海拔1500m及以下	2	5	9	17	表中所列良好绝缘子个数为直线串，对于耐张串应增加一片，对于针式绝缘子、瓷柱或瓷套，应达到相当于本表中的绝缘水平，否则应采用其他保安措施
	海拔1501～2000m	2	6	10	18	
	海拔2001～2500m	2	6	11	19	
	海拔2501～3000m	3	6	11	20	

③ 在带电设备上进行作业前，应对设备的机械强度和固定情况进行认真细致的检查，如发现有裂纹、锈蚀或烧伤等情况，应采取补救（如补强）措施后，方可进行作业。

④ 在检测绝缘子串时，应先从带电一侧开始。绝缘子串只有两片者，严禁用火花间隙法检测。当测出的低、零值绝缘子达到表4-2数值时应停止检测。

表4-2 带电设备上低、零值绝缘子串的个数要求

额定电压/kV	35	110	220	330	备注
低值绝缘子个数(直线/耐张)	3/4	7/8	13/14	19/20	绝缘子串个数超出上述规定者，零值绝缘子个数可相应增加
零值绝缘子个数(直线/耐张)	1/2	2/3	5/6	4/5	

⑤ 绝缘架空地线属于有电设备，不允许人身直接接触。

⑥ 在35～330kV带电设备上进行更换绝缘子作业时，当导线尚未脱离绝缘子串前，不允许解开绝缘子串与横担的挂点。需要接触第一片绝缘子串时，必须穿屏蔽服（或加短接线，短接线长度以短接一个瓷瓶的长度为限），才允许拆挂操作第一片绝缘子串的作业。

⑦ 带电作业人员应熟悉带电作业专用工具的组装、使用方法、使用范围及允许工作荷重，不允许使用不合格的或非专用的工具进行作业。作业应戴用纱线手套和安全帽，使用绝缘安全带和绝缘保险绳。

⑧ 带电作业时，一般不使用非绝缘绳索（如钢丝绳）。若必须使用时，钢丝绳索

与带电设备不应小于表 4-3 规定的距离。

表 4-3 使用钢丝绳索与带电设备的安全距离

额定电压/kV	10 及以下	35	110	220	330
距带电体最小安全距离/m	1.0	1.5	2.0	3.0	4.0

⑨ 带电移动导线时，应采取可靠的安全措施，对被跨越的电力线和对弱电流线路的交叉、垂直、平行距离不应小于表 4-4 的规定。

表 4-4 跨线移动电线时带电体的最小间距

额定电压/kV	10 及以下	35	110	220	330	备注
距带电体最小距离/m	1.0	2.0	3.0	4.0	5.0	作业前应派专人监视交叉点，并与作业点取得密切联系

⑩ 人体与带电体的最小安全距离满足表 4-5 的规定。

表 4-5 人体与带电体的最小安全距离

额定电压/kV		10 及以下	35	110	220	330
最小安全距离/m	海拔 1001～1500m	0.4	0.6	1.1	1.9	2.7
	海拔 1501～2000m	0.5	0.7	1.2	2.0	2.8
	海拔 2001～2500m	0.6	0.8	1.3	2.1	2.9
	海拔 2501～3000m	0.6	0.8	1.4	2.2	3.0

⑪ 绝缘工具和绝缘绳索的最小有效长度遵照表 4-6 的规定。

表 4-6 绝缘工具和绝缘绳索的最小有效长度

额定电压/kV		10 及以下	35	110	220	330
绝缘承力工具最小有效长度/m	海拔 1001～1500m	0.4	0.6	1.1	1.9	2.7
	海拔 1501～2000m	0.5	0.7	1.2	2.0	2.8
	海拔 2001～2500m	0.6	0.8	1.3	2.1	2.9
	海拔 2501～3000m	0.6	0.8	1.4	2.2	3.0

⑫ 绝缘测尺、绝缘操作杆必须有护环，其最小有效长度如表 4-7 所示。

表 4-7 绝缘测尺、绝缘操作杆护环的最小有效长度

额定电压/kV		10 及以下	35	110	220	330
绝缘测尺及操作杆最小有效长度/m	海拔 1001～1500m	0.7	0.9	1.4	2.2	3.0
	海拔 1501～2000m	0.8	1.0	1.5	2.3	3.1
	海拔 2001～2500m	0.9	1.1	1.6	2.4	3.2
	海拔 2501～3000m	0.9	1.1	1.7	2.5	3.3

⑬ 在 220kV 及以上电压的设备上采用中等电位法进入强电场时，对其安全距离的规定如表 4-8 所示。

表 4-8 中等电位法的安全距离

额定电压/kV		220	330
组合距离 S	组合距离上间距(S_1)/m	≥2.1	≥0.5
	组合距离下间距(S_2)/m	≥3.1	≥0.7

注：1. $S=S_1+S_2$，其中 S_1 为带电体与人体间的距离，可在大于表中的范围内变化，随之 S_2 也作相应变化。

2. 表中所列数值是适用于海拔 1000m 以下地区，在海拔高度大于 1000m 的地区，上表所列数值按海拔增加 100m 其值增加 0.02m 的原则确定。

⑭ 在 220kV 及以上线路上允许沿绝缘子串进行作业时，必须同时满足下列条件：a. 扣除人体短接的绝缘子及零值绝缘子后，良好绝缘子片数应满足表 4-1 规定；b. 应采用可靠安全措施，如保护间隙，否则应使用绝缘工具更换绝缘子；c. 带电作业人员在绝缘子串上移动时，手脚动作要协调，应与绝缘子串垂直，所占绝缘子部位相同，进入方式不得超越"跨四短三"的范围。作业时防止大挥手、大摆动以及前仰等动作。传递工具应用绝缘绳索和绝缘工具进行，其绝缘长度应符合表 4-6 中的规定。

⑮ 在处理接头发热或加装载流阻波器时，应接好能满足负荷电流要求的分流线，防止发热。在短接开关时，先检查开关是否合好，应停用跳闸保护，将跳闸机构锁住。

⑯ 进行主变带电加油和滤油的作业时，应停用重瓦斯保护。

⑰ 在转动横担上或用释放线夹的线路上进行移动导线的作业，应将转动横担或释放线夹先行固定，然后才能移动导线。

⑱ 在中性点不接地的系统带电处理单相接地故障时，应采取下列措施：a. 必须经局总工程师批准，得到调度部门的同意；b. 采取可靠的重复接地措施和消弧装置；c. 测试接地电容电流的大小，必要时采取消弧线圈过补偿的措施来限制接地电容电流；d. 接地电阻不大于 10Ω；e. 接地相上的残压不大于 60V；f. 所有作业人员应穿上绝缘靴、屏蔽服、绝缘手套；g. 线路和变电设备其他两相绝缘良好；h. 继电保护处于无时限跳闸位置；i. 接地运行时限不得超过两小时。

⑲ 在 35～330kV 的线路上，用一组绝缘滑车组更换悬式绝缘子串时，应加装有足够强度的绝缘保护绳。

⑳ 采用高架绝缘车作业时，除应满足各项安全距离要求外，还应该注意以下几点。a. 绝缘臂有效长度应能满足各级电压等级条件下的作业要求（表 4-9）。b. 绝缘斗臂车斗中的作业人员应穿好屏蔽服、拴好安全带。c. 操作台的专业司机应经过专业培训，熟悉带电作业。d. 绝缘臂在传动、回转、升降过程中，应操作灵活，速度均匀缓慢，刹闸和制动可靠。e. 高架车在工作过程中要良好接地，在交通要道要设围栏。f. 一切操作、升降、回转的命令，由工作负责人发出，斗中人员与地面监护人要密切联系。操作人不得将物体放置在接地构架上。g. 绝缘臂不许超过厂家设计规定的荷载起吊重物。h. 高架车的金属臂有仰起、回转动作时，对带电体应保持表 4-4 中规定的距离。

表 4-9 绝缘臂的有效长度

电压等级/kV	10 及以下	35	110	220
绝缘臂有效绝缘长度/m	1.0	1.5	2.0	3.0

(2) 等电位作业

① 等电位作业仅限于在35kV及以上的设备上进行，因受设备条件限制10kV及以下线路不能采用。

② 等电位作业人员必须穿合格的屏蔽服（内衣应穿棉织吸汗服），屏蔽服连接部分的接触应当良好可靠。不能以屏蔽服作为接地保护用。

③ 作业人员以等电位进入或退出强电场时，距带电体的距离不得小于表4-10的规定。

表4-10 等电位作业时人体距带电体的安全距离

电压等级/kV	35	110～220	330
人体距带电体距离/m	0.2	0.3	0.4

④ 沿导线、地线上悬挂的软、硬梯或飞车进入强电场的作业应遵守下列规定。a. 在连续档距的导线、地线上挂梯（或飞车）时，其导线、地线的截面不得小于表4-11规定。b. 在下列情况之一者，应经验算合格，并经局主管生产领导（总工程师）批准后才能进行。ⅰ. 在弧主档距的导线、地线上的作业；ⅱ. 在有断股的导、地线上的作业；ⅲ. 在有锈蚀的地线上的作业；ⅳ. 在其他型号导、地线上的作业；ⅴ. 两人以上在导、地线上的作业。c. 在导线、地线上悬挂梯子前，必须检查本档两端杆塔处导线、地线的紧固情况。挂梯载荷后，地线及人体对导线的最小间距应比表4-5中的数值加大0.5m，导线及人体对被跨越的电力线路、通信线路和其他建筑的最小距离应比表4-5的安全距离加大1m。

表4-11 挂载软（硬）梯的导（地）线截面积要求

导(地)线型号		钢芯铝线	铜绞线	钢绞线
在下列软梯悬挂位置时所需截面积	距悬挂点处10m内/mm²	95	70	35
	档距中间/mm²	120	95	50

⑤ 在有瓷横担、转动横担的导线上进行悬挂软梯的作业，应采取补强措施，防止横担受力扭转或折断。

⑥ 等电位作业时，应保证作业人员有足够的活动范围，与接地体或相邻导线都应保持足够的安全距离。作业人员与相邻的安全距离不得小于表4-12所列的数值。

表4-12 等电位人员距邻相的最小安全距离

额定电压/kV		35	110	220	330
等电位人员距邻相的最小安全距离/m	海拔1001～2000m	0.9	1.5	2.6	3.6
	海拔2001～3000m	1.0	1.6	2.7	3.7

⑦ 等电位作业人员与带电体等电位后，作业所需工具材料等必须使用合格的绝缘工具来传递。传给等电位人员的金属材料，只有采取等电位措施之后，才可与等电位人员直接接触。

⑧ 在进行等电位作业时，严禁使用棉纱、汽油、酒精等易燃品擦拭带电体及绝缘部件。

(3) 带电断、接引线

① 单电源（单侧带电压）接引之前，应先检查设备是否完好，有无接地现象，应在变压器高压侧断开、无负荷的情况下进行。对于空载线路断接引线的长度根据操作方法不同规定如表 4-13 所示。

表 4-13 空载线路断接引线的长度

额定电压/kV		35	110	220
接引线路长度/km	消弧绳或消弧刀闸	60	40	60
断引线路长度/km	消弧绳法	40	20	40
	爆炸法	20	5	20

注：10kV 线路比 35kV 线路可断接引线长度多 1.2 倍。

② 严禁等电位作业人员直接穿屏蔽服接通或断开空载线路。在断接引线时，等电位人员应戴防护眼镜，并应离断接引点 4m 以外，爆炸断引则应离开 20m 以外处隐蔽好。

③ 单电源断接的引线，在一相断开或接上以后，等电位人员均不能赤手接触其他相线。

④ 对两侧带有电压的引线接引时，应查明相序，作业人员不得同时接触断开的两端接头。

⑤ 严禁用接引的方法，并接两个系统的电源。

⑥ 断接耦合电容器引线时，应将低压侧接地刀闸合上，如有高频保护，则应先暂停使用。

⑦ 对开关或两个分路断接时，应暂停保护，将开关跳闸机构锁住。

(4) 带电短接设备

① 用分流线短接断路器（开关）、隔离开关（刀闸）等载流设备，必须遵守下列规定。a. 短路前一定要核对相位，严防相间短路；b. 为防止接触电阻过大，使线夹发热，组装分流线的导线处必须清除氧化层，使其接触良好；c. 35kV 及以下设备的短接可用绝缘分流线（即在裸线外套绝缘层），但其绝缘层的绝缘水平应符合表 4-13 的规定；d. 合格的绝缘分流线外皮允许与接地部分接触，但其外露两端必须支撑牢固，以防止摆动造成接地或短路；e. 短接断路器（开关）前，该断路器必须处于合闸位置，并向调度申请将跳闸回路保险取下，或将跳闸机构锁死。

② 阻波器被短接前，必须有防止瞬间电弧的措施（如短接线间串接短接开关），严防等电位人员人体短接阻波器。

③ 短接开关设备或阻波器的分流线截面积和两端线夹的载流容量，应满足最大负荷电流的要求。

(5) 用水带电冲洗

① 在阴雨或湿度较大的天气，或者对污秽严重的瓷件，禁止采用水冲洗作业。

② 水冲洗前，应对绝缘子、瓷柱等进行检查，保证绝缘良好。在冲洗 35kV 设备时，冲洗用的水电阻率要求不低于 1500Ω·cm，在冲洗 110kV 及以上的电气设备瓷绝缘时，水的电阻率不能低于 3000Ω·cm。水质应清洁无任何杂质。

③ 大中型水枪喷嘴均应可靠接地。大水量喷嘴的内径为 9～12mm，水压为 5～10kgf/cm^2；小水量喷嘴内径在 2.5mm 及以下，水压为 3～5kgf/cm^2。在任何冲洗

方式下，喷嘴的泄漏电流不应超过 1 mA，大中型冲洗时，喷嘴和水泵应良好接地。接地线的截面不小于 $15mm^2$，接地电阻不大于 10Ω。手持喷枪的人员应穿屏蔽服。

④ 喷嘴与带电体的最小水柱长度见表 4-14 的规定。小型水冲洗时操作杆的最小有效绝缘长度应符合表 4-15 的规定。

表 4-14　喷嘴与带电体间的最小水柱长度

额定电压/kV	10 及以下	35 及以下	110	220
大型水冲洗/m	2.0	4.0	5.0	6.0
中型水冲洗/m	1.0	2.0	3.0	4.0

表 4-15　小型水冲洗时操作杆的最小有效绝缘长度

额定电压/kV	35 及以下	110	220
有效绝缘长度/m	0.8	1.0	1.8

⑤ 水冲洗绝缘子的要求为：支柱绝缘子，应从下层向上层冲洗；悬式绝缘子（直线或耐张）均应从带电侧第一片开始冲洗逐步向接地侧移动。当水压不足时，不要将喷嘴对向带电体。冲洗时，不能把冲洗水流同时喷到两相，要一相冲洗好后，再冲另一相。对于 220kV 的瓷套应采用两只喷枪从两个侧面同时对冲瓷件，而且控制两喷枪的冲洗速度基本一致。

⑥ 带电冲洗过程中的绝缘应满足下述要求：a. 中性点直接接地电网用水冲洗工具的绝缘，应能耐受砖三倍（最高工作相电压峰值）操作过电压，非直接接地电网用水冲洗工具的绝缘应能耐压四倍操作过电压；b. 小水冲洗的水泵应良好接地，在最高工作相电压下流经操作人员人体的电流，应不超过 1mA；c. 以水柱为主绝缘的小水冲洗工具，其喷嘴与带电体间水柱长度应满足表 4-16 的要求。

表 4-16　小水冲洗时喷嘴与带电体间的水柱长度

额定电压/kV	35 及以下	35	110	220
水柱长度/m	0.5	0.9	1.2	1.8

(6) 爆炸压接导线作业

① 爆炸压接导线时，必须使用火雷管起爆，导爆系统（雷管、导火索或拉火索）应连接好，在地面用金属物短接，全部屏蔽。带电爆炸压接不宜使用金属壳雷管。雷管的加强帽也不得向着工作人员。

② 工作人员从安装爆炸系统（药包、导火索、雷管）到点燃导火索的过程，都应与炸药、雷管处于等电位状态下。

③ 导火索的长度应保证点火人能安全地离开危险区。点火后所有工作人员都必须离开危险区，不得停留在导线下面。爆炸压接导线危险距离一般为 20m。尽量采用地面起爆。

④ 在空气间隙较小的带电设备上进行爆压导线时，为防止冲击波产生高温高压的热游离降低空气绝缘发生单相或相间短路，在药包外面可缠绕适量软质聚氨酯塑料泡沫来吸热、吸尘，以缩小其游离范围。在爆压时，爆炸点至少应与接地体保持表 4-17 所列的距离。

表 4-17 爆炸点与接地体的最小距离

额定电压/kV		35	110	220	330
爆炸点与接地体的距离/m	正常情况下	2.0	2.5	3.0	3.5
	采取缩小游离范围措施时	0.8	1.2	2.2	3.0

⑤ 在导线切断爆压时，爆炸系统与引流线及牵引受力工具应保持 0.4m 以上的间隙。对绝缘工具保持 1m、绝缘子保持 0.6m 的安全距离，防止损坏。

（7）保护间隙

① 带电保护间隙是带电作业的一项有效保护措施，可在 220kV 及以上线路上使用。

② 使用带电保护间隙，应经调度部门同意，并在挂保护间隙期间停用重合闸。

③ 带电保护间隙的大小应根据系统的绝缘配合情况决定，一般 220kV 时为 0.7～0.8m，330kV 为 1.0～1.1m。

④ 保护间隙的电极要固定可靠，不得有任何变形，保护间隙应装设在工作点的相邻一基杆（塔）的工作相上。上端挂导线侧，下端引线可靠接地，引线的截面积不小于 $25mm^2$。

⑤ 装设保护间隙的顺序是先接接地端，后挂导线端，在挂导线端上引线时，应防止引线过长造成短接保护间隙，引线与导线要接触良好。拆接保护间隙的步骤则与上述相反。

（8）感应电压保护

① 在 330～500kV 电压等级的线路杆塔上及变电所构架上作业，应穿着静电感应防护服。

② 带电更换架空地线或架设耦合地线时，应通过放线滑车可靠接地。

③ 绝缘架空地线应视为带电体，作业人员与绝缘架空地线之间的距离不应小于 0.4m。如需在绝缘架空地线上作业时，应用接地线将其可靠接地或采用等电位方式操作。

④ 用绝缘绳索传递大件金属物品（包括工具、材料等）时，杆塔或地面上作业人员应将金属物品接地后再接触，以防电击。

4.2.3.4 带电作业工具的保管与试验

（1）一般要求

① 带电作业所使用的工具，都要按照规定进行机械和电气强度试验。禁止使用不合格的工具。

② 带电作业绝缘工具应专库保管，造册登记。要求库内通风良好，保持清洁干燥。

③ 使用或传递绝缘工具的人员应戴干净线手套。工具运输时应装在工具套内。工具放在现场时，应置于工具架或帆布上。工具传递时应防止碰撞。

④ 在使用绝缘工具前，应用 2500V 摇表测量绝缘电阻。绝缘电阻不低于 700mΩ（极间距离 2cm，电极宽 2cm）。

⑤ 屏蔽服要有良好的屏蔽性能，要求穿透率不大于 1.5%，携带时应放在专用的工具包内，防止折断铜丝。在使用前应用万用表检查连接情况，各部位的接触电阻值

不得大于8Ω。对于汗水浸湿后的屏蔽服，应用50～100倍屏蔽重量的温水（60℃）清洗，晾晒干透后使用，洗涤过程中严禁揉搓。

（2）性能测试试验

① 带电作业工具应定期进行试验测试，测试记录应由专人保管。测试频度：电气预防性试验每年一次；电气检查性试验每年一次，两次试验间隔半年。机械强度试验：绝缘工具每年一次；金属工具每两年一次。

② 绝缘工具电气试验项目及标准（海拔在1000m以下）见表4-18。操作冲击耐压试验宜采用250/250μs的标准波，以无一次击穿、闪络为合格。工频耐压试验以无击穿、无闪络及过热为合格。高压电极应使用直径不小于30mm的金属管，被试品应重量悬挂，接地极的对地距离为1.0～1.2m。接地极及接高压的电极处（无金具时）以50mm宽的金属铂箔缠绕。试品间距不小于500mm，单导线两侧均压球直径不小于200mm，均压球距试品不小于1.5m。试品应整根进行试验，不得分段。

表4-18 绝缘工具电气试验项目及标准

额定电压/kV		10	35	110	220	330
试验长度/m		0.4	0.6	1.0	1.8	2.8
1min工频耐压/kV	出厂及型式试验	100	150	250	450	—
	预防性试验	45	95	220	440	—
5min工频耐压/kV	出厂及型式试验	—	—	—	—	420
	预防性试验	—	—	—	—	380
15次操作冲击耐压/kV	出厂及型式试验	—	—	—	—	900
	预防性试验	—	—	—	—	800

③ 绝缘工具的检查性试验条件是将绝缘工具分成若干段进行工频耐压试验，每300mm耐压75kV，时间为1min，以无击穿、闪络及过热为合格。

④ 绝缘工具（绳索、杆、板类）加载电压的有效长度见表4-19。

表4-19 绝缘工具加载电压的有效长度

额定电压/kV	10及以下	35	110	220	330
绝缘工具加载电压的有效长度/m	0.4	0.6	1.0	1.8	2.6

注：试验点海拔每超过100m，表中的数值应增加0.02m。

⑤ 带电工具的机械试验标准有以下两点。a. 静荷重试验：应以2.5倍工作荷重，持续时间为5min，无变形和损伤者为合格。b. 动荷重试验：应以1.5倍工作荷重，按实际工作状态进行三次操作，操作灵活，无卡住现象者为合格。

⑥ 屏蔽服的试验标准规定：a. 穿透率应不大于1.5%；b. 1min允许通过的电流应不低于30A；c. 直流电阻（整套屏蔽服任意两点间）应不大于1Ω。

⑦ 用作绝缘隔离的绝缘隔板（罩），应做层间耐压试验，其耐压水平不低于该级试验电压的25%；其沿表面耐压应同上述第②条规定。

⑧ 高架车的绝缘臂的电气与机械试验标准见表4-20。

绝缘臂应有专制的防潮套保护，高架车应停放在车厢内，车库内应有通风设施，应干燥清洁。在最大工作半径时做机械试验，吊斗的荷重为270kg，回转、升降三次，并停留15min，无损伤和变形者合格；机械试验每年一次。

表 4-20　高架车的绝缘臂的电气与机械试验标准

额定电压/kV	10	35	110	220	备注
绝缘臂试验加压长度/m	1.0	1.5	2.0	3.0	电气试验每六个月一次，每次加压五分钟
试验电压/kV	44	89	250	450	

⑨ 高架车绝缘吊斗应进行沿吊斗表面耐压试验和臂间耐压试验，其试验标准见表 4-21。

表 4-21　高架车的绝缘臂的电气与机械试验标准

额定电压/kV	10	35
吊斗表面耐压/kV	44/0.4m	89/0.6m
臂间耐压/kV	45	89

发现绝缘工具遭受表面损伤或受潮时，应及时修复干燥，并经试验合格后方可使用。

⑩ 带电作业工具应有试验卡片，并有专人保管，按期进行试验。

4.2.4 电气意外误操作隐患

电气误操作是电力生产和传输过程中的首要安全危害，电气误操作事故发生直接威胁到人身安全、设备安全、电网安全。误操作事故的发生往往是在简单的操作任务中，并没有复杂的技术问题，发生的主要原因是思想麻痹，缺乏严谨的作风，心情浮躁，怕麻烦，不认真执行“两票三制”，随意操作。误操作的共同特征是：① 无论事故如何发生，当事人或其他在场人员并非有意面对即将发生的事故；② 无论发生的是什么事故，总能从事故中找到各种各样违反规章制度的行为；③ 现场的事故防范措施总是缺乏某些针对性。

下面简要地分析这类事故发生的原因及预防措施。

4.2.4.1 发生电气误操作事故的原因

（1）人员因素

对各种电气误操作事故引发原因的分析结果表明，绝大部分都是因为操作人员不严格执行操作票制度，或者违章操作。

① 无票操作。认为操作简单，不开票或者开了票也不带到现场，或者事后补开票，补打勾，应付检查；还有的是不按操作票规定的顺序操作，跳项或漏项操作。

② 未认真执行监护制度。不唱票，不复诵，不核对设备编号，走错间隔进行操作，监护制流于形式。甚至发生操作人和监护人的职责错位，不履行各自的职责，实际上变成了操作人员独自操作，失去监护。

③ 工作前的模拟图与现场实际不符，运行状态发生改变了，模拟图没有及时更新，或倒闸操作前根本没核对，对操作票中的错误未能及时发现。

④ 班前会不认真，交接班制没有得到严格执行，没有对口交接。接班人员不按岗位要求认真检查设备状态，不查看有关安全工器具情况和运行记录，在没有认清设备实际状态的情况下，盲目操作。

（2）技术措施因素

① 电气“五防”（防止带负荷分/合隔离开关、防止误分/合断路器/负荷开关/接触器、防止接地开关处于闭合位置时关合断路器/负荷开关、防止在带电时误合接地开关、防止误入带电室）设备运行不正常，应该打开时打不开；运行人员为了赶工作进度，存在频繁解锁现象，导致部分设备“五防”功能不全，形同虚设。

② 防误装置管理不到位，主要表现在以下几方面。a. 防误装置的运行规程，特别是万用钥匙的管理规定不完善，在执行中不严格；b. 运行人员不了解防误装置的原理、性能、结构和操作程序，培训工作不到位；c. 防误装置检修维护工作的责任制不落实，有的单位防误装置的维护主要依赖厂家，而厂家的售后服务不完善，检修维护不及时，造成防误装置完好率不高。

4.2.4.2 预防误操作事故的措施

(1) 牢固树立“事故可控”意识，加强对违章行为的超前控制

国家电网公司“安全责任书”中明确指出：“除人力不可抗拒的自然灾害外，通过我们的努力，所有的安全事故都是可以预防的，任何隐患都是可以消除的。”首先要树立“事故可控”的安全指导思想。误操作事故的主要原因是违章，反违章必须发挥安全保证体系和安全监督体系的作用，坚持以人为本，立足改变人的异常行为，落实安全预防，对违章行为超前控制。要深入、准确地分析违章的直接和间接原因，对症下药。

(2) 加强对人的管理，提高操作人员自身的防误能力和纠错能力

任何操作都离不开人的因素，只有加强对人的管理，提高操作人员自身的防误能力和纠错能力，才能从根本上解决问题，降低发生误操作的概率，具体措施如下几点。

① 以各类各项文化活动和技能竞赛为载体和契机，加强班组安全文化建设，通过全员参与，使每名员工加强责任心和安全意识，养成良好的职业道德和严谨细致的工作作风。现场操作不论复杂还是简单、不论领导或安监人员是否在场，都要老老实实、按部就班地严格执行“两票三制”，不折不扣地执行组织措施和技术措施。

② 通过对全体员工的《电力安全工作规程》进行定期考试，加强《电力安全工作规程》知识培训，使员工准确地理解《电力安全工作规程》的每一条规定。认真贯彻执行防止电气误操作安全管理规定，并结合实际制定本企业的实施细则，严格执行。

③ 加大对一线员工的培训力度，使他们熟练掌握职责范围内的设备（包括防误装置）的现场布置、系统联系、结构原理、性能作用、操作程序。尤其要加强对新员工技术素质的培训。

④ 实践表明，越来越多的电气误操作事故集中于凌晨2：00～5：00发生，这段时间人体最易困倦，极易发生误操作。必须通过行为科学的研究和应用，根据不同的工作任务、时间、地点、环境、人物，采取有针对性的安全措施，科学合理地安排操作任务和操作时间，保证操作人员在操作时保持良好的精神状态，避免人为事故发生。

⑤ 建立防止电气误操作工作的激励约束机制。建立倒闸操作的全过程质量标准和考评规定，实行“千项操作无差错”奖励制度。认真抓好事故的“四不放过”（在

调查处理事故时，坚持事故原因分析不清不放过、没有采取切实可行的防范措施不放过、事故责任人没受到处罚不放过、他人没受到教育不放过），要从组织措施和技术措施两方面对事故的直接原因做深入准确地分析，找准问题，举一反三，吸取教训，对误操作事故的直接责任人和领导责任人要严肃处理，要从思想根源、技术素质等方面深入分析违章的原因，严肃处理违章者。

4.3　高处作业中的安全隐患

按照国家标准《高处作业分级》（GB 3608—2008）的规定："在距坠落高度基准面 2m 或 2m 以上有可能坠落的高处进行的作业都称为高处作业。"其中坠落高度基准面是指通过可能坠落范围内最低处的水平面。根据坠落高度的大小又将高处作业分为四段：即 2～5m、5m 以上至 15m、15m 以上至 30m 及 30m 以上。因此，在电力生产和传输过程中高处作业是十分平常的事情。

高处作业的主要类型有：①临边作业，指的是施工现场中，工作面边沿无围护设施或围护设施高度低于 80cm 时的高处作业；②洞口作业，指的是作业区域位于孔、洞口旁边的高处作业，包括施工现场及通道旁深度在 2m 及 2m 以上的桩孔、沟槽与管道孔洞等边沿作业；③攀登作业，指的是借助建筑物结构或脚手架上的登高设施、采用梯子或其他登高设施在攀登条件下进行的高处作业；④悬空作业，指的是在周边临空状态下进行的高处作业，其特点是操作者无立足点或无牢靠立足点条件；⑤交叉作业，指的是在施工现场的上下不同层次，于空间贯通状态下同时进行的高处作业。

4.3.1　高处作业中的常见意外事故

在电力生产及输送过程的高处作业中发生的常见意外事故主要有：①意外坠落；②物体打击；③吊绳断裂；④线绳缠绞；⑤清洗用化学品洒伤等。高处作业的危险性不但与工作人员素质、安全管理、操作方法有关，而且与作业的环境、使用的工具、作业的难度有关。

4.3.1.1　意外坠落

高处坠落约占高处作业事故的 60%，而且事故后果非常严重。直接引起意外坠落事故的客观因素大致有 11 种（详见 4.3.2 导致高处作业事故的安全隐患），另外，还有组织管理和防范不力的因素、操作人员自身的主观和精神状态因素等。

造成高处坠落事故的原因分析有：工人违反操作规程或劳动纪律；个人防护用品缺乏或有缺陷；防护、保险、信号等装置缺乏或有缺陷；培训教育不足，不懂得操作技术和知识；设备、设施、工具、附件有缺陷；劳动组织不合理，禁忌人员进行高处作业；现场缺乏检查或指导有错误；造成安全装置、防护失效；冒险进入危险场所；设计有缺陷，脚手架搭设不合理；光线不足或工作地点及通道情况不良；大风或恶劣天气下冒险作业。

高处坠落的形式原因主要是：①人在移动过程中脚腿被绊而失身坠落；②在钢架、脚手架、攀爬扶梯时失手坠落；③在管道、窄梁上行走时脚步打滑、踩空引起身体失控坠落，或踩着易滚动或不稳定物件而坠落；④跨越未封闭或封闭不严的孔洞、沟槽、井坑时失足坠落；⑤踩穿或者踏翻轻型屋面板失稳而坠落；⑥脚手架上的脚手板、梯子、架子管因变形、断裂失稳而导致人员坠落；⑦触电、物件打击或因其他事件分心失神、意识短时模糊而坠落。

4.3.1.2 物体打击

高处作业乱丢余料、失手坠落、活动脚架没有清除，人员没有带安全护具，可能被落物或抛射物所伤害；或者由于操作用力过猛、或快速拉拽不稳固物件而造成物体打击事故。从受伤部位看，造成死亡的情况物体打击的部位大部分都在头部，其次是胸部；而造成重伤事故的受伤部位大多数在腿部，其次是眼部。从受伤害人员看，主要是装配工、电焊工、操作工等生产一线工人。

对物体打击伤害所造成的重伤死亡事故分析的结果表明，主要原因基本上是违反操作规程或劳动纪律、对现场缺乏检查和设计有缺陷。

4.3.1.3 吊绳断裂

在高处作业中发生的断绳事故一般为主绳破断，在双绳作业时作业人员在瞬间将被安全绳拉住，此时则不易发生坠落事故。

4.3.1.4 线绳缠绞

在高空悬挂作业时，突发阵风（大风），容易发生篮（框）的吊绳缠绞导致的碰撞、飘荡、缠绞人体等伤害事故。

4.3.1.5 清洗用化学品洒伤

在对建筑物墙体、支撑梁以及大型设备外表进行高空清洗作业时，由于站立空间狭窄，活动范围受限，导致发生清洗用化学品的溅洒伤害也是高处作业中的常见意外事故。

4.3.2 导致高处作业事故的安全隐患

由海因里希事故危险度分析法分析得出，在电力生产及传输高处作业中的危险隐患主要有以下四个方面。

4.3.2.1 发生的地点

发生的地点主要是临边地带，如坝堤边缘、设备安装预留孔、基建洞口（如楼梯口、工艺孔）、作业平台边缘、垂直运输设备、高空吊篮、外脚手架、安装架等。高处作业中使用的脚手架、平台、梯子，挂篮时，遇到恶劣气候如大风雪、大雾、大暴雨等，容易发生坠落。在使用脚手架的过程中，因立体交叉作业，脚手架被施工的起重物体等突然撞击时，容易发生坠落。高处从事电气焊作业或交叉作业时，对周围环境未监护和处理不当时，极容易发生火灾及人身伤害事故。使用的操作平台地面油污、湿滑等，容易产生坠落。高处施工平台、临边、洞口等无防护栏或安全设施，容易发生坠落和物体打击。

4.3.2.2 人员行为

高处作业人员未佩带（或不规范佩带）安全带；使用不规范的操作平台；使用不牢靠的立足点；冒险或意识不到危险的存在；身体或心理状况不健康；不了解作业点的危险等都有可能造成事故发生。使用脚手架、平台、梯子时，高处作业人员违章作业，不系安全带或者系挂不正确，穿硬底鞋，未搭设脚手架、未设安全网均容易发生坠落。执行高处作业的人员患有高血压、心脏病、癫痫病、恐高症等，或心理存在缺陷，年龄偏大，均容易发生坠落事故。作业人员上岗前酗酒，操作人、监护人未经培训和安全教育，缺乏必要的高处工作经验和技能，安全意识淡薄，应变能力差都会造成事故。

4.3.2.3　事故成因

没有或不正确使用个人防护用品；借助立足的工具、设备不稳固；被外力冲击后坠落；立足不稳等。在临边洞口处施工无防护或防护设施不严密、不牢固；违章搭设脚手架或操作平台；脚手架或操作平台紧扣件紧固不牢；安全带未严格按规定使用，且没有应急措施；操作者违反按规程规范作业；操作者违章作业，安全意识不强；防护措施不足。使用的脚手架材料腐蚀严重、规格偏小，不符合安全要求，承载时容易翻倒或压垮。脚手架、挂篮、平台无防护栏杆，或挂篮的绳索、梯子有缺陷，绳索负荷不够，容易发生坠落。使用的安全带、安全网、安全帽等防护器材存在缺陷。作业过程中，操作人员未将使用的工具放置在工具袋内或违规直接向上抛工具或材料，所使用的材料未固定好，以及场地周围未设置警戒等，以上情况均容易发生事故。

4.3.2.4　管理方面

没有及时为作业人员提供合格的个人防护用品；监督管理不到位或对危险源视而不见；教育培训（包括安全交底）未落实、不深入或教育效果不佳；未明示现场危险。搭设的脚手架稳定性差，防护栏杆不规范等，不符合安全要求，承载时容易翻倒或压垮，发生坠落事故，脚手架的紧固螺栓扣外露过多，处理不当，容易挂伤施工人员。使用的梯子、平台等安全性差，梯子未固定，脚手架无通道等。使用脚手架时，堆放材料超过规定的载荷或站在脚手架上面施工的人员过多，容易发生坠落。在立体交叉施工过程中，施工安排不科学，缺乏必要的隔离防护措施或防护措施未落实，现场监护不到位等。高处作业施工方案、措施不具体，施工协调不统一等以上情况均容易发生事故。

以坠落事故为例，直接引起坠落事故的客观因素（隐患）大致有以下 11 种。①室外作业区域的阵风风力五级（风速 8.0m/s）以上；②GB/T 4200—2008《高温作业分级》中规定的Ⅱ级以及Ⅱ级以上的高温作业；③平均气温等于或者低于 5℃的作业环境；④接触冷水温度等于或者低于 12℃的作业；⑤作业场地有冰、雪、霜、水、油等易滑物；⑥作业场所光线不足，能见度差；⑦作业活动范围与危险电压带电体的距离小于表 4-22 的情况；⑧摆动、立足处不是平面或者只有很小的平面，致使作业者无法维持正常姿势；⑨GB 3869—1997《体力劳动强度分级》中规定的Ⅲ级以及Ⅲ级以上体力劳动强度；⑩存在有毒气体或空气中含氧量低于 19.5%的作业环境；⑪可能会引起各种灾害事故的作业环境和抢救突然发生的各种灾害事故。

表 4-22　作业活动范围与危险电压带电体的距离

危险电压带电体的电压等级/kV	≤10	35	63～110	220	330	500
距离/m	1.7	2.0	2.5	4.0	5.0	6.0

4.3.3　高处作业的风险管理

据统计数据分析，大部分高处作业事故的发生点并不在十分高的地方。3～6m

是最易发生高处坠落的高度，70%的高处坠落事故发生在高度不到9m的地方；高处坠落事故发生的位置大部分在屋顶、结构层、脚手架、梯子、临边洞口处，这些事故占所有高处坠落事件的80%。由此推断，也许正是人们忽视了这一高度，认为无需做太多的安全防护，才导致事故的频繁发生。因此，对于高空作业的风险管理应该针对主观意识上的松懈。

4.3.3.1 预防措施

① 凡是从事高处作业的人员，都必须接受专门的培训，考试合格后持有特种作业操作资格证才能上岗作业。登高作业之前必须经过体检，凡患有高血压、心脏病、癫痫病、精神病、晕高症或视力不够以及其他心理或者生理不适宜人员不得从事高处作业。

② 按照《电力生产安全工作规程》，组织实施高处作业的主管领导和部门、班组长事先要做足功课，编制高处作业的实施方案和紧急预案，并向相关操作人员做好安全技术交底。

③ 遇到5级以上大风和高/低温（地面气温超过40℃或低于－20℃时）、大雨、大雾等恶劣天气，应停止高处露天作业。风、雨、雪、冰冻天气过后要进行检查，发现倾斜下沉、松扣、崩扣等隐患要及时整改、修复。夜间作业，必须设有足够的照明设施，精密作业的照明度要求为300lx以上，普通作业150lx以上，粗作业70lx以上。

④ 细致检查高处作业区域的设备、构件、材料的稳固状况，有裂缝、变形状况时不准开工，出现滑丝的螺栓（母）必须更换。使用的梯子要坚固，间距不得大于300mm，立梯坡度以60°为宜，梯底宽度不少于50cm，人字梯的拉绳必须牢固。在高处作业区的周围，必须用警示带圈定警戒区，并安排专人看护，严禁非作业区人员进入危险区域。对拆除的材料应用吊车或人向下传递，严禁向下抛掷。已拆下的材料，必须及时清理，运至指定地点码放。

⑤ 在高处作业人员活动范围的周边配备足够的防护设备，搭设水平安全网，直至高处作业结束后方可拆除。对于无法搭设水平安全网的场合，必须使用维纶、棉纶、尼龙等材料逐层立挂密目安全网封闭，严禁使用损坏或腐朽的安全网和丙纶网，密目安全网只准作立网使用。

⑥ 正确使用个人安全防护用品，在2m及以上高处作业时，必须穿防滑鞋，着装灵便（紧身紧袖），扎牢裤脚，佩带足够强度的安全带，并系牢在坚固的建筑结构、金属结构或已搭好的横杆上，严格做到高挂低用。

4.3.3.2 高处作业安全操作规程

① 在距离地面2m以上或工作斜面坡度大于45°，工作地面没有平稳的立脚地方或有震动的地方，应视为登高作业，必须办理登高手续。

② 登高前，施工负责人或班组长应对全体人员进行现场安全教育和安全技术交底，检查所用登高用具和安全用具（如安全帽、安全带、梯子、登高板、跳板、脚手架、防护板、安全网等）的安全可靠性，严禁冒险作业。

③ 靠近电源（低压）线路作业时，应先联系停电，确认停电后方可进行工作，作业者至少离开电线2m以外，禁止在高压线下工作。上下大型物件时，应采用可靠的起吊机具。高空作业所用的工具、零件、材料等必须装入工具袋。上下楼梯或攀爬

时手中不得拿其他物件，必须从指定路线上下，不得在高空投掷材料或工具等物，不得将易滚动的工具、材料堆放在脚手架上。工作完毕应及时将工具、剩余材料、零部件等一切易坠落物件清理干净，以防落下伤人。

④ 进行高空焊接、气割作业前，必须办理动火手续，事先清理火星飞溅范围内的易燃易爆物品，并设人监护。当结冰积水时，必须清除并采取防滑措施后方可工作。严禁通过卷扬机等各种升降设备载人上下；不得在同一垂直面同时作业。

⑤ 无论任何情况都不得在墙顶上工作和通行；跨度超过 3m 的铺板不能同时站两个人工作。在石棉瓦上工作，要用跳板垫在瓦上行动，防止踩破石棉瓦。严禁坐在高空无遮拦处休息。

⑥ 高处作业人员务必遵守安全操作规程，严禁在工作岗位上嬉笑、打闹，分散注意力。严禁酒后从事高处作业，禁止连续加班加点、过度疲劳，精神不振和思想情绪低落的人员要停止高处作业。如果高处作业人员感觉身体乏力、眩晕或情绪异常，则应立即下撤，终止高处作业。

4.4　起重搬运过程中的安全隐患

起重机械设备通常较为庞大，运转结构又比较复杂，作业过程中常常是几个不同方向的运动同时进行，操作控制技术难度较大。能够做起重吊运的重物多种多样，载荷大小也是有变化的，有的重达上百吨，体积大且不规则，还有散粒、热融和易燃易爆危险品等，使吊运过程复杂而危险。通常需要在较大的范围内运行，活动空间较大，一旦造成事故，影响的面积也较宽。有时候起重机械（特别是施工升降机等），需要直接载运人员做升降运动，其可靠性直接关乎人身安全。暴露的活动的各部件较多，且常与作业人员直接接触，潜存着许多偶发性的危险因素。重大设备搬迁作业场所环境复杂，常常是在车间、施工工地等场所，涉及现场既有设备装置、沟壑、高温、高压、易燃易爆、噪声、树木等环境危险因素。作业中需要多人协同配合，对指挥者、操作者和起重工的眼、耳、手等器官的灵敏性、准确性要求较高。以上这些特点导致了起重搬运工作中事故频发。

起重机械设备通常包括专用起重设备、机具或装置，如汽车吊、随车吊、机动叉车、手动叉车、卷扬机、电动或手动葫芦等。

4.4.1　电力生产起重过程中的安全隐患

当前，我国电力企业生产中起重伤害事故的发生率有不断上升的趋势，这缘于很多单位对起重过程中的安全隐患的认识不够，没有引起足够的重视。电力设备和器具的起重吊装过程中存在的安全隐患有以下几方面。

4.4.1.1　电气装置方面

① 由于安装过程中出现失误，控制配线没有按照标准形式连接，常常给起重设备、行车的使用性能造成巨大影响，使得系统出现故障时难以找出具体原因。

② 关键的电控元件受损严重，其中一方面是由于元件质量不合格，另一方面由

于使用期限达不到标准。例如，在起重过程中灭弧罩常常因为振动而发生脱落，若没有定期进行检查维修则会导致接触器烧损，也有可能是由于对主要构件的易损件维护不当留下的隐患。

③ 轨道行车的滑线集电器和角钢滑线如果被机械油污严重污染，没有定期进行整理，就会给整个电气结构维护工作带来阻碍，影响到起重机的使用性能。

④ 由于操作人员对保护系统不够重视，或者缺少必要的专业素质，认为只要起重机、行车能起吊运行就行，导致维修效果达不到电气维护的要求。

⑤ 有些起重机的保护系统不起作用，致使缺少短路、零位等保护装置，构成对设备及人身造成危害的隐患。

4.4.1.2 主要零部件方面

① 由于长期使用或超载使用，导致吊钩等机械构件产生内部疲劳、裂纹、开度增大等问题，使得整机面临着较大的危险。

② 钢丝绳出现较大的磨损或者断丝，已到报废状况或时限仍未及时更换，另外，不及时进行润滑处理也会给安全埋下了隐患。

③ 滑轮，尤其是平衡定滑轮在安装过程中没有考虑到磨损情况，使用过程中出现轮缘缺损或促进裂纹

4.4.1.3 安全装置方面

① 大部分起重机、行车出厂时都安装有橡胶缓冲器，但在长期的使用过程中，磨损和脱落情况很多。少数起重机无端部限制挡，有的虽有，或直接安装在轨道上，但不能起到安全可靠的止挡作用。

② 多数起重机、行车无超载限制器。有的虽有，但没有按标准安装或者示警失灵。

③ 无起升或运行极限位置限制器，或者有些已损坏，不起作用。

④ 单梁起重机上没有安装吊绳导向防护板，可能造成吊具和钢丝发生碰撞。

⑤ 某些司机室无联锁保护装置，或者开关已损坏或锈死，无法起作用。有些吊车司机为了避免起重机运行中的振动给电气联锁动作带来麻烦，错误地把开关短接。

⑥ 有的起重机上的梯子、走道站台没有按有关标准设计或安装，无足够高度的护栏，或者承重强度不够，存在安全缺陷。

4.4.1.4 金属结构方面

① 由于不规范使用，或者巡检维修不够及时和细致，很多起重机的主梁、端梁等主要结构发生异常，在盖板、腹板连接处出现了不同程度的裂缝和波浪形变形。

② 有的门式起重机端梁凸凹不平，发生变形或在立柱与横梁连接处开焊；桥架变形，其几何尺寸偏离标准值，很容易出现扭曲、旁弯、机体倾斜等异常问题。

4.4.1.5 使用管理方面

① 对于起重机械，缺乏完整的设备技术档案，诸如产品合格证，维护说明书，吊钩及钢丝绳合格证或质保书，每台设备的大修、改造、维护、保养、自检和试验记录，相关的人身与设备事故记录等。

② 安全意识不足，操作司机和设备维护人员缺乏对起重机机构的深入了解和必要的安全知识，主观上对使用过程中安全问题没有给予足够重视，经常出现斜拉歪

吊、满载偏载等违章作业现象。有时候为了方便施工，任意调整超载限制器，改变运行极限位置限位器、限位开关，造成限制器不能可靠动作。

③ 起重机的结构件、司机室、车间登机梯子等常会因为操作不当而出现不同程度的损坏，这些辅助装备出现缺损也会有巨大的安全隐患。在不同的操作环境下，对起重设备只是进行简单地清扫，对于磨损及老化的设备元件没有采取有效的维护措施，维护保养人员没有及时进行调整和更换。

因此，起重吊运应该严格按照以下的步骤来操作。

① 开动起重机之前应该认真的检查机械、电气、钢丝绳、工具、锁具，另外还要确认限定器是否是完好和可靠的，操作时需要特别注意物件的行程、速度和位置。

② 不得超过起重机的负荷起吊，在起吊的时候，手不能抓在绳索和物件之间，避免吊物上升过程中受到挤压伤害。

③ 吊装大宗物件时，要根据物件的吊装要求来操作，用钢丝绳、尼龙绳或麻绳捆扎物件时应该捆实扎严，检查绳索的抗拉强度；务必将物件的棱角、尖锋和缺口处用软布（片）或泡沫条保护好。

④ 在使用电气开关的时候开关一定要接触良好，正确按住电钮，现场动力设备必须具备很强的可靠性，并且绝缘性良好，移动灯具也要确保在安全的电压范围之内。

⑤ 任何人操作起重机械做搬运工作都必须遵循相关的安全手册，防止盲目操作、违规操作导致安全事故。

4.4.2 电力生产搬运过程中的安全隐患

电力生产中的搬运过程常常是与电气设备的吊装、检修等项目相伴随的，其他诸如仓库以及办公室调整的办公设备、文件柜台的搬迁等也偶需进行，在管理方面要尽可能减少不必要的搬运工作。大型、笨重设施的搬运需要使用起重机、吊车、叉车、简易滚轮平板车、撬杠、千斤顶等设备器具，零散物品、小量短程货物的搬运则多半采用手抬肩扛（挑）的人工劳作的方式。不论是机械还是人工搬运过程都存在某些安全隐患，需要加以防范和杜绝事故的发生。

4.4.2.1 管理层方面

① 部分公司热衷于添置新的搬运车辆、设备以及工具，轻视甚至忽视设备的保养，没有严格执行设备的定期检修制度，导致偶有发生金属疲劳造成的吊车断臂、吊索断裂等问题，给安全搬运埋下隐患。

② 有些部门为了压缩经营成本，减少人员管理和技术培训上的麻烦，时常会将搬运事务承包给其他搬运公司，而搬运公司还可能会再次转包，最终可能会导致实施搬运项目的人员缺乏技术能力，或者人数大大压缩、现场指挥不力而发生安全事故。

③ 对于搬运过程的管理，往往只重视“关口”安全，轻视沿途细节及平时的安全。

4.4.2.2 搬运场地方面

① 如果使用机械进行搬运，搬运场地的空间要足够宽敞，机械行进的通道要平整无障碍、不溜滑、宽度要大于设备或机械的最大直径（平面上的对角线长度）。否

则，就存在搬运设备或设施与障碍物发生碰撞的隐患。

② 仓储或办公室物品摆放方法错误，或超量存放。仓库环境要做到卫生整洁，节省地面及空间，物料储存应按种类、大小、长短整齐堆置，防止倒塌。对于易燃等危险物品，应保持名称、标志的完整，设置严禁烟火等安全标志。

③ 警戒与防护不当。笨重设施吊装和搬运作业时应设置警戒区域，悬挂警示牌，非作业人员不得入内。起重机在使用中回转半径范围内严禁站人。物料的堆放不依靠墙壁或结构支柱堆放，不得妨碍消防器具的紧急使用，不堵塞电气开关及急救设备，易燃易爆物品隔离存放。未经仓库人员允许，非仓库人员不可进入仓库。仓库内严禁吸烟和使用明火，下班前检查电源是否关闭，仓库不可仅有一扇大门，应有应急出口，仓库应配备足够的消防栓、灭火器等消防器材。

4.4.2.3 人员操作方面

① 无证驾驶叉车吊车。并非所有持有叉车吊车操作证的人员都能驾驶叉车吊车，必须经过相关的培训和考核（实操）才能上岗。

② 操作程序和精神状态失范。操作运行前，司机必须对叉车吊车车况进行检查，无异常方可作业。操作时，精神要高度集中，服从指挥人员指挥。

③ 超负荷或者超高超宽装载。用吊车叉车装运货物不能太高，以免挡住视线；如果叉车装载的货物挡住视线，须倒行；装货时，在货物前停车，确认货物及货盘位置，缓慢将货叉插入货盘，直至货叉完全叉入货盘；适当调整货叉位置，尽可能靠近准备装卸的货物，货物的载荷应处于两货叉的中心；装货后，将货叉升至距地面5～10cm高度，确认装载的货物无倾覆的危险，严禁将货物置于货叉尖端或在叉端提升货物；松散的货物要事先固定，不易稳定的物件，如高度大的设备、空桶、易滑动之缸体或必须绑上绳索，绑紧后方可提升；当货物松散或重心不稳时，必须下车调整，此时要将货物先降至地面；不准用货叉直接叉运易燃、易爆、有毒等危险品和人员；卸货时，确认卸货位置，缓慢卸货，将货物稳稳放置于地面后，将货叉完全从货盘上抽出。

叉车行驶时不得将货叉升得过高（货叉离地应保持在30cm以内），注意上空有无障碍物刮碰，禁止急刹车和高速转弯。行进中不允许升高或降低货物，当叉车空载上坡或下坡时，应将操作台保持在斜坡较高的一方。在斜坡上行驶时，货物必须朝向上坡方向，不得在斜坡上横向行驶或转弯。

④ 人工搬运重物时应由有经验的起重工人使用各种工具和简单机械设备量力而行。搬运前，检查物体上是否有钉、尖锐突起物，以免造成损伤；应用整个手掌握紧物体，不可只用手指抓物体；搬运时，应靠近物体，蹲下，用伸直双腿的力量，不要用背脊的力量，缓慢平稳地将物体搬起，不要突然猛举或扭转躯干，尽量保持手臂贴紧身体；传送重物时，应移动双脚而不是扭转腰部；要特别小心斜坡、楼梯及一些易滑倒、绊倒的地方，注意门和过道的宽度，以防撞伤或擦伤手指；还要注意不要让物品的高度超过人的眼睛，阻挡视线；由两人或两人以上一起搬运重物时，应由一人指挥，以保证步伐统一及同时提起或放下物体。

小件物品由单人肩扛，大件则由2～10人等偶数人员对称共同肩抬。搬抬时不论有多少人，都要步调一致，由专人统一指挥，脚步要同起同落，不可迈大步。当搬运距离比较远时，可采用人力小车进行搬运以节省劳力。借助撬杠搬运就是利用杠杆的工作原理，用撬杠将设备重物撬起、搬运，一般用于起升高度不大的作业中，如在设备下面安放或抽出垫木、千斤顶、滚杠等。滚杠的粗细要一致，长度应比托排宽度长50cm，严禁戴手套填滚杠。滚道的搭设要平整、坚实，接头错开，其坡度不得大于20°，滚行的速度不宜太快，必要时要使用防溜绳。

4.4.3　电力生产重大设备安装中的安全隐患

电力生产建设与运行过程中，常需要进行水轮机、锅炉、蒸汽机、发电机、变压器等重大设备的新装、检修拆装等安装工程。其中的安全问题与上述起重、搬运过程相类似，也存在以下一些特别之处。

① 修建施工基坑工程计划编制不完整，审核证明、基坑支护、临边防护、变形监测等执行不到位。

② 脚手架搭设未制订计划及批阅，钢管、扣件进场未维修或维修不合格的，特别是附着式升降脚手架的备案、搭设、升降、运用、维修等环节不符合有关规定的。

③ 设备到货后，在设备吊装前，打开出厂包装物后没有核实设备型号是否正确、设备上附带的吊耳是否符合吊装要求。

④ 正式起吊安装前，没有查到、核实各岗位人员到岗待命情况。正确程序是，在人员全部到位后，由总指挥正式下令，通知指挥台起吊；首先试吊，在设备吊离临时支座100mm时暂停升高，检查钢丝绳、吊具及吊耳是否正常，确认安全后，再继续吊升，吊装到叉车上后，将设备固定。或者利用手动葫芦、撬杠、滚杠、起道机等将设备运到安装位置附近。

⑤ 顶升设备应严守操作规程。顶升前，先行检查设备外部结构和液压系统，如果发现构件脱焊、裂缝等损伤或液压系统泄漏，必须整修后才可作业。回转平衡臂时，必须把臂杆转到规定位置，将构件就位后才能休息，不得使吊臂单向受力时间过长。顶升时，齿轮泵内最大压力持续工作时间不得超过3min。

⑥ 在机房内水平运输设备时，应利用结构柱作为牵引锚点，在设备底座下设置滚杠，用倒链水平牵引，运输设备到基础边，利用起道机将设备缓缓顶起，再敷设枕木，再在枕木上用起道机将设备顶起，再垫枕木，直到设备与基础一样高时，水平拖动设备，将设备安装在基础上，然后进行调平就位。

⑦ 在架体上或建筑物上安装设备时，其强度和稳定性要达到安装条件的要求。在设备安装定位后要按图纸的要求连接紧固件或焊接，满足设计要求的强度和具有稳固性后才能脱钩，否则要进行临时固定。

⑧ 室外安装工作严禁在风速六级以上或大风、大雾天气进行吊装作业，如果在夜晚进行吊装作业，必须有充足的照明。在吊装过程中如因故中断必须立即实施安全保障措施。

⑨ 吊装和高空装配作业人员在高空移动和作业时，必须系牢安全带，上下行走应设置专用爬梯，作业平台的脚踏板要铺设严密。

⑩ 作业人员必须听从指挥。如有更好的方法和建议，必须得到现场施工及技术负责人同意后才能实施，不得擅自做主和更改作业方案。

第5章 安全事故的应急处理

5.1 国家电力安全事故应急处置和调查处理条例简介

《电力安全事故应急处置和调查处理条例》经2011年6月15日国务院第159次常务会议通过，2011年7月7日中华人民共和国国务院令第599号发布。该条例包含总则、事故报告、事故应急处置、事故调查处理、法律责任、附则共6章37条，自2011年9月1日起施行。这个条例对电力生产经营活动中发生的造成人身伤亡和直接经济损失的事故的报告和调查处理做了规定，是分析、预防、应急处置、调查处理电力生产和电网运行安全事故的行为指南。本《条例》立法目的主要有三个：① 为了规范电力生产安全事故报告和调查处理；② 落实电力生产安全事故责任追究；③ 防止和减少电力生产安全事故。

电力生产和电网运行过程中发生的影响电力系统安全稳定运行或者影响电力正常供应，甚至造成电网大面积停电的电力安全事故，在事故等级划分、事故应急处置、事故调查处理等方面，与国务院2007年颁布的《生产安全事故报告和调查处理条例》规定的处理一般性生产经营活动中发生安全事故有较大不同。例如，生产安全事故是以事故造成的人身伤亡和直接经济损失为依据划分事故等级的，而电力安全事故以事故影响电力系统安全稳定运行或者影响电力正常供应的程度为依据划分事故等级的，需要考虑事故造成的电网减供负荷数量、供电用户停电户数、电厂对外停电以及发电机组非正常停运的时间等指标。在事故调查处理方面，由于电力运行具有网络性、系统性，电力安全事故的影响往往是跨行政区域的，同时电力安全监管实行中央垂直管理体制，电力安全事故的调查处理不宜完全按照属地原则，由事故发生地有关地方人民政府牵头负责。因此，电力安全事故难以完全适用《生产安全事故报告和调查处理条例》的规定，国务院特别制定了这项专门的行政法规，对电力安全事故的应急处置和调查处理做出有针对性的规定。

如何处理好《电力安全事故应急处置和调查处理条例》与《生产安全事故报告和调查处理条例》的衔接，一是根据电力生产和电网运行的特点，总结电力行业安全事故处理的实践经验，明确将本条例的适用范围界定为电力生产或者电网运行过程中发生的影响电力系统安全稳定运行或者影响电力正常供应的事故。电力生产或者电网运行过程中造成人身伤亡或者直接经济损失，但不影响电力系统安全稳定运行或者电力正常供应的事故，属于一般生产安全事故，依照《生产安全事故报告和调查处理条例》的规定调查处理。二是对于电力生产或者电网运行过程中发生的既影响电力系统安全稳定运行或者电力正常供应，同时又造成人员伤亡的事故，原则上依照本条例的规定调查处理，但事故造成人员伤亡，构成《生产安全事故报告和调查处理条例》规定的重大事故或者特别重大事故的，则依照本条例的规定，由有关地方政府牵头调查处理，这样更有利于对受害人的赔偿以及责任追究等复杂问题的解决。三是因发电或者输变电设备损坏造成直接经济损失，但不影响电力系统安全稳定运行和电力正常供应的事故，属于《生产安全事故报告和调查处理条例》规定的一般生产安全事故，但考虑到此类事故调查的专业性、技术性比较强，本条例明确规定由电力监管机构依照《生产安全事故报告和调查处理条例》的规定组织调查处理。四是对电力安全事故责任者的法律责任，本条例做了与《生产安全事故报告和调查处理条例》相衔接的规定。

5.1.1 对事故的报告

一旦发生电力事故，现场有关人员应当立即向发电厂、变电站运行值班人员、电力调度机构值班人员或者本企业现场负责人报告。有关人员接到报告后，应当立即向上一级电力调度机构和本企业负责人报告。本企业负责人接到报告后，应根据事故等级逐级向上级汇报；热电厂事故影响热力正常供应的，还应当向供热管理部门报告；事故涉及水电厂（站）大坝安全的，还应当同时向有管辖权的水行政主管部门或者流域管理机构报告。电力企业及其有关人员不得迟报、漏报或者瞒报、谎报事故情况。

事故报告内容包括：① 事故发生的时间、地点（区域）以及事故发生单位；② 已知的电力设备、设施损坏情况，停运的发电（供热）机组数量、电网减供负荷或者发电厂减少出力的数值、停电（停热）范围；③ 对于事故原因的初步判断；④ 事故发生后采取的措施、电网运行方式、发电机组运行状况以及事故控制情况；⑤ 其他应当报告的情况。事故报告后出现新情况的，应当及时补报。

事故发生后，有关单位和人员应当妥善保护事故现场以及工作日志、工作票、操作票等相关材料，及时保存故障录波图、电力调度数据、发电机组运行数据和输变电设备运行数据等相关资料，并在事故调查组成立后将相关材料、资料移交事故调查组。因抢救人员或者采取恢复电力生产、电网运行和电力供应等紧急措施，需要改变事故现场、移动电力设备的，应当做出标记、绘制现场简图，妥善保存重要痕迹、物证，并做出书面记录。任何单位和个人不得故意破坏事故现场，不得伪造、隐匿或者毁灭相关证据。

5.1.2 对事故的应急处置

各个电力企业应当按照国家有关规定，制定本企业的事故应急预案。

为了指导和规范电力企业做好电力应急预案编制工作，国家电力监管委员会依据《中华人民共和国突发事件应对法》《电力监管条例》《国家突发公共事件总体应急预案》《生产经营单位安全生产事故应急预案编制导则》等有关文件组织编制了《电力企业综合应急预案编制导则》。各电力企业可结合本单位自身安全生产的组织结构、管理模式、生产规模、风险种类、应急管理工作能力情况等特点对综合应急预案框架结构等要素进行适当调整，编制一个综合应急预案。综合应急预案的内容应满足以下基本要求：① 符合与应急相关的法律、法规和技术标准的要求；② 与事故风险分析和应急能力相适应；③ 职责分工明确、责任落实到位；④ 与相关企业和政府部门的应急预案有机衔接。

综合应急预案应针对本单位的实际情况对存在或潜在的危险源或风险进行辨识和评价，包括对地理位置、气象及地质条件、设备状况、生产特点以及可能突发的事件种类、后果等内容进行分析、评估和归类，确定危险目标。明确本单位对危险源监控的方式方法，发布预警信息的条件、对象、程序和相应的预防措施，本单位发生突发事件后信息报告与处置工作的基本要求，包括本单位 24 小时应急值守电话、单位内部应急信息报告和处置程序以及向政府有关部门、电力监管机构和相关单位进行突发事件信息报告的方式、内容、时限、职能部门等。应急结束后应向有关单位和部门上报的突发事件情况报告以及应急工作总结报告等，明确应急结束后对突发事件后果影响的消除、生产秩序恢复、污染物处理、善后理赔、应急能力评估、对应急预案的评价和改进等方面的后期处置工作要求等。

电力企业应组织基层单位或部门针对特定的具体场所（如集控室、制氢站等）、设备设施（如汽轮发电机组、变压器等）、岗位（如集控运行人员、消防人员等），在详细分析现场风险和危险源的基础上，针对典型的突发事件类型（如人身事故、电网事故、设备事故、火灾事故等），制定相应的现场处置方案，现场处置方案应简明扼要、明确具体，具有很强的针对性、指导性和可操作性。

事故发生后，有关电力企业应当立即采取相应的紧急处置措施，控制事故范围，防止发生电网系统性崩溃和瓦解；事故危及人身和设备安全的，发电厂、变电站运行值班人员可以按照有关规定，立即采取停运发电机组和输变电设备等紧急处置措施。事故造成电力设备、设施损坏的，有关电力企业应当立即组织抢修。根据事故的具体情况，电力调度机构可以发布开启或者关停发电机组、调整发电机组有功和无功负荷、调整电网运行方式、调整供电调度计划等电力调度命令，发电企业、电力用户应当执行。事故可能导致破坏电力系统稳定和电网大面积停电的，电力调度机构有权决定采取拉限负荷、解列电网、解列发电机组等必要措施。

5.1.3 对事故的调查处理

发生事故的级别属于特别重大事故的，由国务院或者国务院授权的部门组织事故调查组进行调查；重大事故由国务院电力监管机构组织事故调查组进行调查；较大事故、一般事故由事故发生地电力监管机构组织事故调查组进行调查。国务院电力监管机构认为必要的，可以组织事故调查组对较大事故进行调查。未造成供电用户停电的一般事故，事故发生地电力监管机构也可以委托事故发生单位调查处理。

根据事故的具体情况，事故调查组由电力监管机构、有关地方人民政府、安全生产监督管理部门、负有安全生产监督管理职责的有关部门派人组成；有关人员涉嫌失职、渎职或者涉嫌犯罪的，应当邀请监察机关、公安机关、人民检察院派人参加。根据事故调查工作的需要，事故调查组可以聘请有关专家协助调查。事故调查组组长由组织事故调查组的机关指定。

事故调查报告应当包括下列内容：① 事故发生单位概况和事故发生经过；② 事故造成的直接经济损失和事故对电网运行、电力（热力）正常供应的影响情况；③ 事故发生的原因和事故性质；④ 事故应急处置和恢复电力生产、电网运行的情况；⑤ 事故责任认定和对事故责任单位、责任人的处理建议；⑥ 事故防范和整改措施。

事故调查报告应当附具有关证据材料和技术分析报告。事故调查组成员应当在事故调查报告上签字。

5.1.4　法律责任

有关机关应当依法对事故发生单位和有关人员进行处罚，对负有事故责任的国家工作人员给予处分。事故发生单位应当对本单位负有事故责任的人员进行处理。具体的处分、处罚条款详见《电力安全事故应急处置和调查处理条例》。

5.2　触电事故的应急处理

5.2.1　电流对人体的伤害

人体属于半导体，一般认为干燥的皮肤在低电压下具有相当高的电阻（约 $10^5\Omega$）。当电压在 500～1000 V 时，人体电阻便下降为 1000Ω。当人体接触到具有不同电位的两点时，就会在人体内形成电流，这种现象就是触电。当人体承受 50 V 的电压时，皮肤的角质外层绝缘就会出现缓慢破坏，几秒钟后接触点即生水泡，由此进一步破坏了干燥皮肤的绝缘性能。

人体触电伤害的主要形式为电击和电伤两大类。电击是电流对人体内部产生的伤害。当电流通过人体内部器官时，会破坏人的心脏、肺部、神经系统等，使人出现痉挛、呼吸窒息、心室纤维性颤动、心跳骤停甚至死亡。

电击的主要特征有：① 伤害人体内部；② 低压触电在人体的外表没有显著的痕迹，但是高压触电会产生极大的热效应，导致皮肤烧伤，严重者会被烧黑；③ 致命电流较小，电伤指电流通过人体体表时，会对人体外部造成局部伤害，即电流的热效应、化学效应、机械效应对人体外部组织或器官造成伤害，如电灼伤、金属溅伤、电烙印等。人体受到电流伤害的程度与通过人体电流的大小、电流的种类、通电持续时间、通过途径等多种因素有关。

电伤的主要特征有：① 电烧伤，是由电流的热效应造成的伤害；② 皮肤金属化，是在电弧高温的作用下，金属熔化、汽化，金属微粒渗入皮肤，使皮肤粗糙而张紧的伤害，皮肤金属化多与电弧烧伤同时发生；③ 电烙印，是在人体与带电体接触的部位留下的永久性斑痕，斑痕处皮肤失去原有弹性、色泽，表皮坏死，失去知觉；④ 机械性损伤，是电流作用于人体时，由于中枢神经反射和肌肉强烈收缩等作用导致的机体组织断裂、骨折等伤害；⑤ 电光眼，是发生弧光放电时，由红外线、可见光、紫外线对眼睛的伤害，通常而言，电击对人体的伤害比电伤严重得多，危害性更大，触电死亡事故中的绝大多数是由于电击造成的。

发生触电事故前可能出现的征兆：① 使用的电动工器具不合格，砂轮切割机、潜水泵等带电工具设备未加装漏电保护器，电线铺设凌乱或接触高温设备、临时用电接线不合格、容器内潮湿，未采取绝缘措施，设备的金属外壳未按规程要求采用保护接地措施；② 机组检修、设备改造、日常生产维护、承揽工程等工作中，执行制度不严、安全意识薄弱、习惯性违章等均有可能造成触电伤害伤亡事故。

5.2.2 触电事故的现场应急措施

① 当机立断地使触电人员脱离电源（用现场可得到的干燥木棒、木板、竹杆等绝缘体挑开带电体），同时防止触电者脱离电源后摔倒致伤，尽可能的立即切断电源（拉闸断电、关闭电路）。

② 事故现场有关人员立即抢救伤员，将受伤人员立即平移脱离危险地带。如果触电人的衣服是干燥的，并且不是紧缠在身上的时候，救护人员可站在干燥的木板上，或用干衣服、干围巾等把自己一只手进行严格绝缘包裹，然后用这一只手去拉触电人的衣服，把他拉离带电体。千万不要用两只手，不要触及触电人的皮肤，不可拉他的脚。这种方法只适应于低压触电，绝不能用于高压触电的抢救。

③ 如果触电人员神志尚清醒，应使其就地躺下，救护者严密监视，暂时不要站立或走动。若发现触电者呼吸或心跳停止，则要让伤员仰卧在平地上或平板上，确保气道通畅，并用 5s 的时间间隔呼叫伤员或轻拍其肩部，以判断伤员是否意识丧失，禁止摆动伤员头部呼叫伤员；然后立即进行人工呼吸（每分钟 16～18 次）或同时进行胸外心脏按压（每分钟约 70 次），并拨打 120 向当地急救中心取得联系（详细说明事故地点、严重程度、现场的联系电话），并派人到路口接应救护车或消防车，同时清理道路上的障碍物。医院在附近的直接送往医院。

④ 在值班长维护现场秩序，严密保护事故现场，同时立即向所属主管部门、公司应急抢险领导小组汇报事故发生情况并寻求支持。

5.2.3 应急注意事项

① 在电力生产和传输过程中，触电事故可能发生的地点和装置是检修现场临时用电接线不规范、使用未经检验合格的电动工器具、潮湿容器内使用电动工器具、擅自进行电气倒闸操作，（防汛）抽水使用的潜水泵绝缘不合格或导线损伤、接头漏电等。在这些现场或者随行的工程车上应该常备以下急救药品：消毒用品、绷带、无菌敷料、各种常用小夹板、担架、止血袋、氧气袋。

② 发现有人触电时，不要惊慌失措，应赶快使触电人员脱离电源，触电急救动作要迅速，方向正确，组织人员进行全力抢救，同时拨打 120 急救电话和马上通知有关负责人。在事故周边设置好警戒线，并挂好标示牌；加强自身防护，避免扩大事故。注意保护好事故现场，便于调查分析事故原因。

③ 现场自救或互救人员不得盲目进入危险区域；在触电人员未脱离电源时，急救人员千万不可用手或其他金属及潮湿的构件去拉触电者，以防自身触电；救人前先

确认自己的能力和现场情况是否能够满足对他人施救的需要。

④ 心肺复苏抢救措施要坚持不断地进行（包括送医院的途中），不能随便放弃。触电者呼吸、心跳情况的判断：触电伤员如意识丧失，应在10s内，用看（看伤员的胸部、腹部有无起伏动作）、听（耳贴近伤员的口，听有无呼气声音）、试（试测口鼻有无呼气的气流，再用两手指轻试一侧喉结旁凹陷处的颈动脉有无搏动）的方法判断伤员呼吸情况。若看、听、试的结果显示既无呼吸又无动脉搏动，可判定呼吸心跳已停止，应立即用心肺复苏法支持生命的三项基本措施：a. 通畅气道；b. 口对口（鼻）人工呼吸；c. 胸外按压（人工循环），进行就地抢救。

5.3 高处坠落事故的应急处理

5.3.1 高处坠落事故的特征及易发地点

高处坠落事故是指操作人员在高处作业，或者在站立地面的倾斜度在40°以上时，由于受到高速冲击力，或者强风、电击、身体偶然不适而引起痉挛眩晕、站立不稳而发生的安全事故。高处坠落事故会使人体组织和器官遭到一定程度的破坏，通常有多个系统或多个器官的损伤，严重者当场死亡。高空坠落伤除有直接或间接受伤器官表现外，尚可有昏迷、呼吸窘迫、面色苍白和表情淡漠等症状，可导致胸、腹腔内脏组织器官发生广泛的损伤。高空坠落时，足或臀部先着地，外力沿脊柱传导到颅脑而致伤；由高处仰面跌下时，背或腰部受冲击，可引起腰椎前纵韧带撕裂、椎体裂开或椎弓根骨折，易引起脊髓损伤。脑干损伤时常有较重的意识障碍、光反射消失等症状，也可有严重合并症的出现。

电力生产中，高处坠落事故大多发生于凉水塔检修，高处管阀设备检测及更换、拆除作业，2m以上高处悬空作业，石棉瓦等轻型屋面、脚手架上登高、扶下、施工及梯子上，其他支撑物如铁塔、电杆、设备、构架、树等上面的作业过程中。事故可能发生的区域、地点有各种洞口（预留口、通道口、楼梯口、电梯口、阳台口等）、汽轮机侧的空冷岛、水塔、汽机厂房、汽机厂房各行车、汽轮机厂房除氧器层、厂房窗户维护等；锅炉厂房及其内各烟风道、炉膛脚手架、磨煤机原煤斗、厂房窗户维护；火电厂除灰渣的电除尘室、各个灰斗、渣仓渣斗、捞渣机头部等，还有土建构筑物如烟囱、建筑物顶部等；电力升压站构架、变压器、电抗器等；其他地点如除盐水箱顶部、机加池、水厂平流池检修等。其表观原因是：高处作业未正确使用安全带、防坠器等违章作业；上下楼梯踏空、脚手架搭设不合格；装置性违章（孔洞无盖板、临边无栏杆、高处作业点防护设施不全、个体安全防护用品有缺陷）等。

预防此类事故的发生，必须特别关注上述环节和地点，注意以下事前征兆。① 高处作业时，脚手架或平台搭设不牢固、有空洞，梯子倾斜角度不符合规程要求，临时围栏及盖板不规范等装置性违章，下方没有架设安全护网，水塔检修未穿防滑鞋、带安全带，安全设施不齐全，个人防护用品不合格，脚手架未挂警示牌，在6级及以上大风天气露天作业；② 机组检修、设备改造、日常生产维护等工作中，作业人员执行制度不严、无证上岗、违章作业、精神状态不佳、疲劳作业，高处设备检修平台的安全措施不完善，安全带未做定期检查，安全意识薄弱，安全监护不到位，自保互保意识差，未接受专项培训，违章指挥强令冒险作业等。

5.3.2 高处坠落事故的现场应急处置程序

① 当发生高空悬挂作业绳破断、被安全绳拉住时，遇险人员不能惊慌，首先稳住情绪，尽量利用自己周围能抓靠的部位使自身稳住，如利用门窗、阳台、棚架或者打烂窗户玻璃等从室内施救，并立即呼救或挥动彩色布条，手电光柱求救。当出险人员与现场作业人员靠拢后，出险人员跨立在吊板上抓住主绳，缓慢下降逃生，在救援时，楼顶辅助人员要将救援人员的主绳和安全绳上端固定绳头加大配重或增加固定点。或者救援人员抱住出险人员后，切断安全背带连接安全绳的连接绳，寻找有利方式逃生救护，如下降至阳台、窗子、棚架等，将出险人员从楼顶缓慢放下到安全部位。

② 当遇到突发性的大风时，作业人员发生摆动、碰撞、绳子缠绕等危险情况，作业人员首先也要沉着冷静，不要惊慌，按照安全操作规程和平时养成的良好的应急技能来对待，尽量靠近建筑主体，靠住能稳住身体的就近可靠的设施，如水管、房檐、窗檐、防盗笼等进行逃生和等待救援；也可与同一作业面的作业人员互相拉抱在一起来减小摆动、飘荡。等待风力减弱或停止下降到地面和等待救援。在楼上的辅助人员、救援人员应仔细检查好绳头防护垫固定情况，同时稳住绳子不要发生移位和摩擦。楼下人员应设法固定住下端绳头减小高空悬挂人员摆动幅度，在可能的情况下应将缠绕在一起的绳子回开。如果风在短时内减弱或停止，作业人员应在楼下和楼顶救援人员的辅助配合下，在工地主管和安全人员的指挥下缓慢有序的下降到地面。如果风短时内不停止，楼下救援人员在楼顶人员的配合下将缠绕的绳子回开，固定住下端绳头，按险情急重环节做好安全防护指挥，帮助高空作业人员逐个下降到地面和安全部位。

③ 高处坠落伤亡突发事件发生后，班长应立即向应急救援指挥部汇报。紧急启动《人身事故应急预案》。

④ 现场知情人应当立即采取措施，切断或隔离危险源，防止救援过程中发生次生灾害。然后立即开展现场急救工作，同时请求应急救援和上报事故信息工作，说明伤情和已经采取了一些什么措施，以便让救护人员事先做好急救准备，讲清楚伤者（事故）发生的具体地点。

⑤ 在进行现场应急处置的同时拨打120急救电话并联系公司医务室，说明求救者姓名（或事故地）的电话，并派人在现场外等候接应救护车，同时把救护车辆进事故现场的路上障碍及时予以清除，以利救护车辆到达后，能及时进行抢救。

⑥ 对现场受伤人员开展先期救护工作，采取防止受伤人员大量失血、休克、昏迷等紧急救护措施，如受伤人员出现骨折、休克或昏迷状况，应采取临时包扎止血措施；如果受害者处于昏迷状态但呼吸心跳未停止，应立即进行口对口人工呼吸，同时进行胸外心脏按压，一般以口对口吹气为最佳。急救者位于伤员一侧，托起受害者下颌，捏住受害者鼻孔，深吸一口气后，往伤员嘴里缓缓吹气，待其胸廓稍有抬起时，

放松其鼻孔，并用一手压其胸部以助呼气。反复并有节律地（每分钟吹16～20次）进行，直至恢复呼吸为止；如受害者心跳已停止，应先进行胸外心脏按压，尽量努力抢救伤员，将伤亡事故控制到最小程序，损失降到最小。

⑦ 应急人员赶赴现场后，应当立即采取措施对事故现场进行隔离和保护，严禁无关人员入内，为应急救援工作创造一个安全的救援环境。同时，应立即组织开展事故调查，为事故尽快恢复创造条件。

⑧ 急救人员在最短的时间内到达现场后，迅速对患者判断有无威胁生命的征象，并按呼吸道梗阻、出血、休克、呼吸困难、反常呼吸、骨折的顺序及时检查与优先处理存在的危险因素。

⑨ 在对患者病情做出评估后，在最短时间内建立静脉通道，保护重要的器官，维持受伤人员的基本生命活动，并提出下一步医疗建议。

⑩ 在伤员转送之前必须进行急救处理，避免伤情扩大，途中做进一步检查，进行病史采集，通过询问护送人员、事故目击者了解受伤机制，以发现一些隐蔽部位的伤情，做进一步处理，减轻患者伤情。在伤员转送途中密切观察患者的瞳孔、意识、体温、脉搏、呼吸、血压、出血情况，以及加压包扎部位的末梢循环情况等，以便及早发现问题，并做出相应的处理。

⑪ 当事故有可能出现扩大、恶化苗头时，应当立即向当地政府有关部门应急领导小组提出申请，请求必要时由社会支援。

⑫ 应根据事故的大小和管理处置权限分级情况，逐级向上级汇报高处坠落伤亡事件梗概及现场采取的急救措施情况。事件报告内容主要包括事件发生时间、事件发生地点、事故性质、先期处理情况等，事件信息准确完整，事件内容描述清晰。

5.3.3 高处坠落事故的现场救治措施

（1）出血的处置方法

① 伤口渗血，用消毒纱布或用干净布盖住伤口，然后进行包扎。若包扎后仍有较多渗血，可再加绷带，适当加压止血或用布带等止血。

② 伤口呈喷射状或鲜血液喷涌出血，立即用清洁手指压迫出血点上方（伤口与心脏之间的动脉血管）使血流中断，并将出血肢体抬高或举高，以减少出血量。有条件用止血带止血后再送医院。

（2）骨折的处置方法

① 肢体骨折者可用夹板或木棍、竹杆等将断骨上下方关节固定，也可利用伤员身体进行固定，避免骨折部位移动，以减少疼痛，防止伤势恶化。

② 开放性骨折，伴有大出血者应先止血、固定，并用干净布片覆盖伤口，然后速送医院救治，切勿将外露的断骨推回伤口内。

③ 疑有颈椎损伤时，在使伤员平卧后，用沙土袋（或其他替代物）放在头部两侧使颈部固定不动，以免引起瘫痪。

④ 对腰椎骨折患者，应将伤员平卧在平硬木板上，并将椎躯干及二侧下肢一同进行固定预防瘫痪。搬动时应数人合作，保持平稳，不能扭曲。

⑤ 在搬运和转送过程中，颈部和躯干不能前屈或扭转，而应使脊柱伸直，绝对

禁止一个抬肩一个抬腿的搬法，以免发生或加重截瘫。

（3）颅脑外伤

① 应使伤员采取平卧位，保持气管通畅，若有呕吐，扶好头部，和身体同时侧转防止窒息。

② 耳鼻有液体流出时，不要用棉花堵塞，只可轻轻拭去，以利降低颅内压力。

③ 颅脑外伤，病情复杂多变，禁止给予饮食，应立送医院诊治。

④ 搬移伤员时，应使其平躺在担架上，腰部束在担架上，防止跌下。平地搬走时，伤员头部在后，上楼、下楼、下坡时头部在上。

（4）穿透伤及内伤

① 如有腹腔脏器脱出，可用干毛巾、软布料或搪瓷碗加以保护。

② 及时去除伤员身上的用具和口袋中的硬物。

③ 禁止将穿透物拔除，应立即将伤员连同穿透物一起送往医院处置。

④ 有条件时迅速给予静脉补液，补充失血。

5.3.4 及时预防事项

① 对于空洞造成的高处坠落，在人员得到安全救治后，应对现场相关区域的平台、空洞进行举一反三的检查，防止再次发生。

② 对于脚手架材料造成的高处坠落，应对同一批次的材料进行检验，不合格的材料统一处理，不准再次使用。

5.4 机械创伤及物体打击事故的应急处理

5.4.1 对事件危险性的分析和辨症

机械创伤及物体打击事故主要指机械设备运动（静止）部件、工具、加工件直接与人体接触引起的夹击、碰撞、剪切、卷入、绞、碾、割、刺等形式的伤害。各类转动机械的外露传动部分（如齿轮、轴、履带等）和往复运动部分可能对人体形成刮擦、绊缠、推、拉、倒地的伤害。对设备的构造以及检修工艺不熟悉、使用的工器具不符合国家要求、工器具的使用方法不正确（如电动工器具切割作业时的部件飞出，使用手锤、大锤时的工具误击），水塔/烟囱等高层建筑冬季结冰坠落，物资库房货架等倒塌，储煤场大煤块滚落，设备的维护检修质量差或不及时等均有可能导致机械伤害。创击类事故包括夹挤、碾压、剪切、切割、缠绕或卷入、刺伤、摩擦或磨损、飞出物打击、高压流体喷射、碰撞或跌落等，会造成人员手指绞伤、皮肤裂伤、骨折，严重的会使身体卷入轧伤致死或者部件、工件飞出，打击致伤，甚至会造成死亡。这类事故在电力生产中也时有发生。

这类事故的起因有以下几点。① 不熟悉机械的操作规程或操作不熟练，精神不集中或疲劳引起的操作失误。② 对安全操作规程不以为然，或一段时间内的工作中没有发生过事故，为了图省事，不按安全操作规程要求操作。③ 因为操作人员想早完成任务早下班，抢时间，心存侥幸心理而违章操作。④ 不按规定穿戴工作服和安全帽，或衣扣不整，或鞋带没系，因衣角、袖口、头发或鞋带被机器绞住而发生事故。⑤ 违章指挥，现场指挥人员自己不熟悉安全操作规程，却命令别人违反操作规程操作；或默许未经安全教育和技术培训的工人顶岗。⑥ 安全操作规程不健全，操作人员在操作时无章可循或规程不健全，以致安全工作不能落实。⑦ 非现场指挥和作业人员误入压缩机的主轴连接部位、皮带输送机走廊危险区域。⑧ 机械的安全防护设施不完善，通风、防毒、防尘、照明、防震、防噪声以及气象条件等都可能诱发事故，如旋转的部件、机床的卡盘、钻头、铣刀、传动部件和旋转轴的突出部分有钩挂衣袖、裤腿、长发等而将人卷入的危险；风翅、叶轮有绞碾的危险；做直线往复运动的部位存在着撞伤和挤伤的危险。冲压、剪切、锻压等机械的模具、锤头、刀口等部位存在着撞压、剪切的危险；机械的摇摆部位存在着撞击的危险。⑨ 执行设备检修作业工艺时不严格，设备在运行过程中出现重大异常现象。

5.4.2　机械创击事故的现场应急措施

① 当发生机械伤害人身伤亡事故后，现场人员应按照“先防后救”和“先救人后救灾”的原则开展抢救工作，立即采取防止受伤人员失血、休克、昏厥的急救护措施，并将受伤人员脱离危险地段，必要时，拆卸割开机器，移出受伤的肢体。如有断肢伤害，应寻找断离的部分，将其妥善保留。同时现场人员及时汇报班、值长，联系厂医务室。

② 根据现场实际情况，在第一时间对受伤者进行现场急救，将受伤人员迅速护送到就近的医院进行急救和治疗。

③ 如果伤员伤势不重，可采用背、抱、扶的方法将伤员运走。如果伤员有大腿或脊柱骨折、大出血或休克等情况时，就不能用以上的方法进行搬运，一定要去除伤员身上的用具和口袋中的硬物，把伤员小心的放在担架上抬送。严禁只抬伤者的两肩与两腿或单肩背运。

出现颅脑外伤，必须维持呼吸道通畅。昏迷者应平卧，面部转向一侧，以防舌根下坠或分泌物、呕吐物吸入，发生喉阻塞。对失去知觉者，应先清除口鼻中的假牙异物、呕吐物、移位的组织碎片、血凝块、口腔分泌物等，同时松解伤员的颈、胸部纽扣，随后将伤员置于侧卧位以防止窒息。若舌已后坠或口腔内异物无法清除时，可用12 号粗针穿刺环甲膜，维持呼吸、尽可能早做气管切开。对疑似颅底骨折和脑脊液漏患者切忌做填塞，以免导致颅内感染。

在清除的过程中判定伤员的呼吸、心跳情况。若机械伤害伤员的呼吸和心跳均停止时，应立即按支持生命的心肺复苏法三项基本措施进行抢救。在抢救过程中，要每隔数分钟再判定一次。按压吹气 1min 后，应用看、听、试的方法在 5～7s 时间内完成对伤员呼吸和心跳是否恢复的再判定。若判定颈动脉已有搏动但无呼吸，则暂停胸外按压，而再进行二次口对口人工呼吸，接着每 5s 吹气一次（即每分钟 12 次）；每次判定时间均不得超过 5～7s。

在医务人员未接替抢救前，现场抢救人员不得放弃现场抢救。

对骨折的伤员，应利用木板、竹片和绳布等捆绑骨折处的上下关节，固定骨折部位，颈部和躯干不能前屈或扭转，而应使脊柱伸直；也可将其上肢固定在身侧，下肢与下肢缚在一起。

对伤口出血的伤员，应让其以头低脚高的姿势躺卧，使用消毒纱布清理创伤面，用合适的止血方法选择弹性好的橡皮管、橡皮带或三角巾、毛巾、带状布巾等止住流血。压迫止血法适用于头、颈、四肢动脉大血管出血的临时止血。止血带止血法适用于四肢大血管出血，尤其是动脉出血。加压包扎止血法适用于小血管和毛细血管的止血。加垫屈肢止血法多用于小臂和小腿的止血，它利用肘关节或膝关节的弯曲功能，压迫血管达到止血目的。然后用清洁织物覆盖伤口上，立即用急救包、纱布、绷带或毛巾等较紧地包扎，以压迫止血。对上肢出血者，捆绑在其上臂1/2处，对下肢出血者，捆绑在其腿上2/3处，并每隔25～40min放松一次，每次放松0.5～1min。对剧痛难忍者，应让其服用止痛剂和镇痛剂。

④ 救护人在进行机械伤害人员救治时，必须进行伤员伤情的初步判断，不可盲目进行救护，以免由于救护人的不当施救造成伤员的伤情恶化。假如事故发生在夜间，应紧急设置临时照明灯，但不能因此延误进行的时间。

⑤ 对事故的报告事项，参照5.3.2节⑪⑫办理。公司应急处置总指挥、副总指挥和应急处置办公室主任是公司指定的应急预案中对外发言人，经公司同意可以对外发布有关事故和应急救援情况。其他应急救援值班室的任何领导和成员都不具有对外发言的权利。

5.4.3 机械创击事故的预防和善后

① 严格遵守《电力安全工作规程》和《岗位安全操作规程》，按照上岗时的安全技术交底事项穿戴好劳保防护用品，细致操作，用心倾听和分辨机械设备的运行状态和噪声是否有异常。

② 在工作场地的休息室里配备简单而实用的急救箱（急救药品和器械），并根据不同情况予以增减，定期检查补充，确保随时可供急救使用。

常用的急救药品和器械有消毒注射器（或一次性针筒）、体温计、止血带、（大、小）剪刀、无菌橡皮手套、无菌敷料、棉球、棉签、三角巾、绷带、胶布、夹板、别针、手电筒（电池）、绷带、镊子、药用碳酸氢钠、10%葡萄糖酸钙、维生素、止血敏、安络血、10%葡萄糖、25%葡萄糖、生理盐水、乙醚、酒精、碘酒等。

急救箱要有专人保管，但不要上锁；定期更换超过消毒期的敷料和过期药品，每次急救后要及时补充；放置在合适的位置，让现场人员都知道。还要配备应急的可充电工作灯、电筒、油灯等照明器具。

③ 事先制订好必要的应急预案和事故应急组织（各组均为2～4人），各组都要服从危机事故处理预案领导小组决定，听从指挥，履行各自的职责。定期组织预案的演练，根据情况的变化，及时对预案进行调整、修订和补充。按需要把当班岗位人员分成事故抢险小组、后勤保障小组、技术保障协调小组等。a. 事故抢险小组职责：ⅰ. 负责事故现场伤亡人员的抢救工作；ⅱ. 组织协调、快捷、合理安排设备抢救和拆运工作；ⅲ. 迅速用密目安全网封闭事故区域，设立警示线，并派人把守，指派警卫封锁现场，维持对救援抢险现场秩序及安全防护，防止无安全防护措施的人员、危

险物品和机动车辆误入事故逸散物扩散的范围内而导致二次事故；ⅳ．尽最大可能谢绝采访，严禁外部人员摄像、拍照。b．后勤保障小组职责：ⅰ．事故发生后，提供充足的所需物资和资金；ⅱ．负责事故伤亡人员的抢救治疗及医院手续办理工作；ⅲ．事故调查处理过程中，接受调查、咨询和向上级情况汇报；ⅳ．负责检查事故现场和邻近区域是否有受伤人员或遇险人员，迅速营救受伤人员和疏散遇险人员。c．技术保障协调小组职责：ⅰ．事故发生后，提供技术保障措施，防止在抢险过程中二次事故的发生；ⅱ．协助指挥小组写出事故分析调查报告，提出事故处理意见及防止类似事故再次发生所应采取的措施。

④ 进行心肺复苏救治时，必须注意受害者的姿势，操作时不能用力过大或频率过快。脊柱有骨折的伤员必须用硬板担架运送，勿使脊柱扭曲，以防途中颠簸使脊柱骨折或脱位加重，造成或加重脊髓损伤。抢救脊椎受损伤员。不要随便翻动或移动伤员。用车辆运送伤员时，最好能把安放伤员的硬板悬空放置，以减缓车辆的颠簸，避免对伤员造成进一步的伤害。对于头部受到物体打击的伤员，检查中无发现头部出血或无颅骨骨折的伤员，如果当时发生过短暂性昏迷但很快又恢复意识，清醒后当时自觉无精神、神经方面症状的伤员，切勿掉以轻心而放松警觉。该类伤员必须送医院做进一步检查并应留院观察，因为这可能是严重脑震荡或硬脑壳撕裂出血的前兆。对于由于冰块坠落造成的物体打击伤害，在人员得到可靠救治后，应将现场设置隔离警示标识，以防止其他人员误入后造成伤害。

⑤ 在急救医生到来之后，将伤员受伤原因和已经采取的救护措施详细告诉医生。当事人被送入医院接受抢救以后，按职能归口做好与当地有关部门的沟通、汇报工作。当事故灾害有危及周边单位和人员险情时，应组织做好重要物资疏散工作；注意保护好事故现场，对相关信息和证据进行收集和整理，配合上级部门进行事故调查处理，做好与伤亡人员家属的接洽、安抚、稳定、善后工作。

⑥ 对于事故基坑，事后要马上加强排水、除水措施，加强支护和支撑加桩板等，对边坡薄弱环节进行加固处理；迅速运走坡边弃土、材料、机械设备等重物；削去部分坡体，减缓边坡坡度。对脚手架、井架、塔吊等施工设备倒塌事故进行原因分析，制定相应的纠正措施，并上报公司应急抢险总指挥部。

5.5　水灾、火灾的应急处理

俗语曰：“水火无情”，指的是一旦不慎发生水灾火灾，对于人们的生命和财产将会造成巨大损害。就电力生产与传输过程而言，因暴雨冲垮堤坝、酿成水淹灾害的可能性极小，而发生人员溺水、电路失火的情况则较为普遍。故本节主要介绍发生人员溺水和火灾事故后的应急处理。

5.5.1　溺水的应急处理

溺水是由于人体淹没在水中，呼吸道被水堵塞或喉痉挛引起的窒息性疾病。溺水时可能会有大量的水、泥沙、杂物经口、鼻灌入肺内，可引起呼吸道阻塞、缺氧和昏迷直至死亡。溺水后常见病人全身浮肿，紫绀，双眼充血，口鼻充满血性泡沫、泥沙或藻类，手足掌皮肤皱缩苍白，四肢冰冷，昏迷，瞳孔散大，双肺有啰音，呼吸困难，心音低且不规则，血压下降，胃充水扩张。恢复期则可能出现肺炎、肺脓肿。溺水整个过程十分迅速，常常在4～6min内即死亡。

溺水者的一般症状是面部青紫、肿胀、双眼充血，口腔、鼻孔和气管充满血性泡沫。肢体冰冷，脉细弱，甚至抽搐或呼吸心跳停止。溺水者致死的主要原因是气管内吸入大量水分阻碍呼吸，或因喉头强烈痉挛，引起呼吸道关闭、窒息死亡。当发生溺水时，不熟悉水性时可采取自救法：除呼救外，取仰卧位，头部向后，使鼻部可露出水面呼吸。呼气要浅，吸气要深。因为深吸气时，人体相对密度降到0.967，比水略轻，可浮出水面（呼气时人体相对密度为1.057，比水略重），此时千万不要慌张，不要将手臂上举乱挣扎，而使身体下沉更快。会游泳者，如果发生小腿抽筋，要保持镇静，采取仰泳位，用手将抽筋的腿的脚趾向背侧弯曲，可使痉挛松解，然后慢慢游向岸边。溺水者被救上岸后急救方法步骤如下几步

（1）清除口、鼻中杂物

上岸后，应迅速将溺水者的衣服和腰带解开，擦干身体，清除口、鼻中的淤泥、杂草、泡沫和呕吐物，使上呼吸道保持畅通，如有活动假牙，应取出，以免坠入气管内。如果发现溺水者喉部有阻塞物，则可将溺水者脸部转向下方，在其后背用力一拍，将阻塞物拍出气管。如果溺水者牙关紧闭，口难张开，救生者可在其身后，用两手拇指顶住溺水者的下颌关节用力前推，同时用两手食指和中指向下扳其下颌骨，将口掰开。为防止已张开的口再闭上，可将小木棒放在溺水者上下牙床之间。

（2）倒水

在进行上述处理后，应着手将进入溺水者呼吸道、肺部和腹中的水排出。这一过程就是“倒水”。常用的一种方法是，救生者一腿跪地，另一腿屈膝，将溺水者腹部搁在屈膝的腿上，然后一手扶住溺水者的头部使口朝下，另一手压溺水者的背部，使水排出（图5-1）。

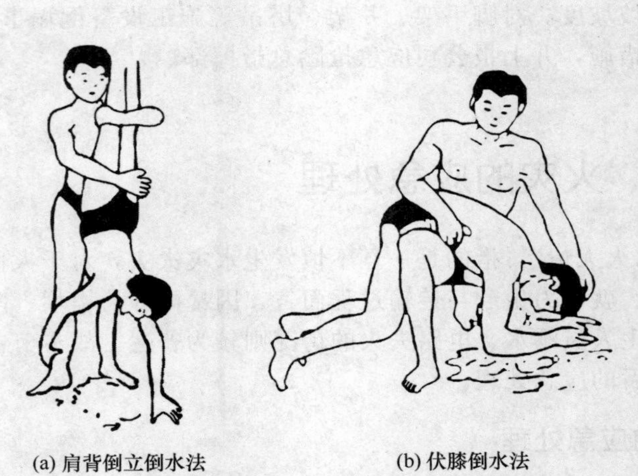

(a) 肩背倒立倒水法　　(b) 伏膝倒水法

图5-1　帮溺水者“倒水”的方法

（3）人工呼吸

人工呼吸是使溺水者恢复呼吸的关键步骤，应不失时机尽快施行，且不要轻易放弃努力，应坚持做到溺水者完全恢复正常呼吸为止。在实践中，有很多人是在做了数小时的人工呼吸后才复苏的。

人工呼吸的节律，约为15～20次/min。常用的人工呼吸法有口对口吹气法：将溺水者仰卧平放在地上，可在颈下垫些衣物，头部稍后仰使呼吸道拉直。救生者跪蹲在溺水者一侧，一手捏住溺水者的鼻子，另一手托住其下颌。深吸一口气后，用嘴贴紧溺水者的口（全部封住，不可漏气）吹气，使其胸腔扩张。吹进约1500mL（成人多些，儿童少些）空气后，嘴和捏鼻的手同时放开，溺水者的胸腔在弹性的作用下回缩，气体排出肺部。必要时，救生者可用手轻压一下溺水者的胸部，帮助其呼气，见图5-2（a）。如此周而复始地进行。

人体正常呼吸时，吸入的新鲜空气中氧气约占21%，二氧化碳约占0.04%。经过肺泡内的气体交换，呼出气中氧含量降低，但仍占16%左右，二氧化碳含量则增高到4.4%左右。因此，进行口对口人工呼吸时，救生者吹出的气中仍有较多的氧气，可供溺水者所需。另外，因吹出气中二氧化碳含量较高，会刺激溺水者的呼吸系统，促其恢复自然呼吸。

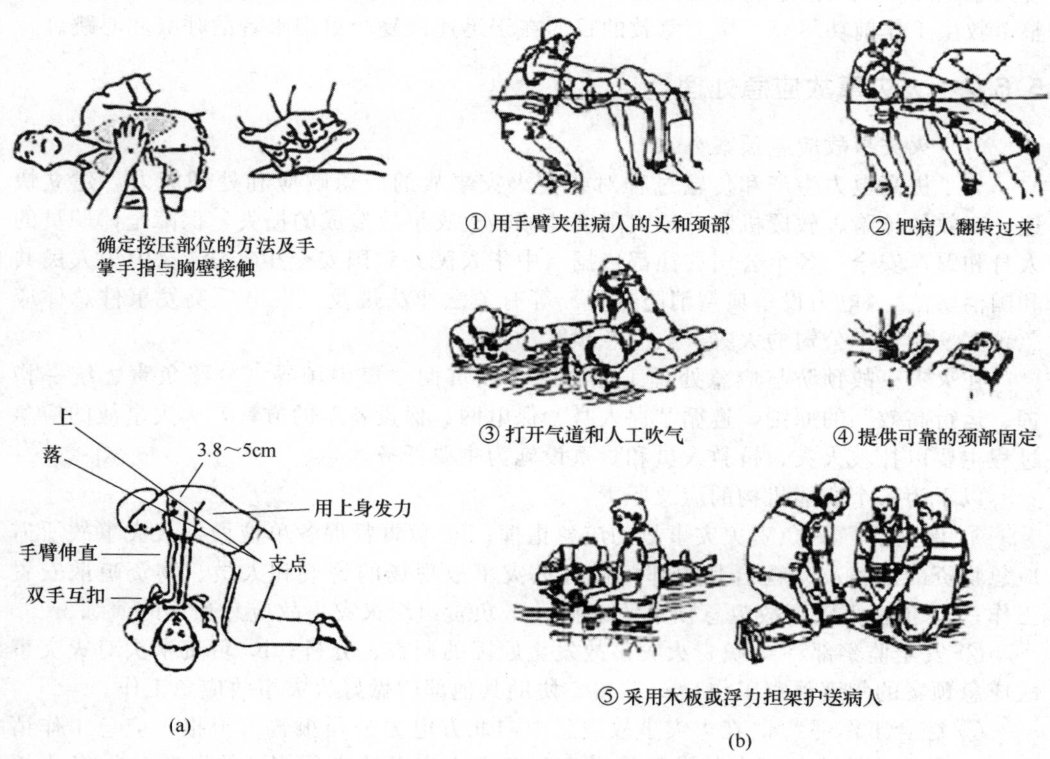

图5-2　帮助溺水者恢复呼吸和正确转移

（4）胸外心脏按摩法

将溺水者救上岸后，如发现溺水者的心跳已停或极其微弱，则应立即施行胸外心脏按摩，通过间接挤压心脏使其收缩与舒张，恢复泵血功能。胸外心脏按摩与人工呼吸的配合进行，是对尚未出现真死现象的溺水者之生命做最后挽救，使其恢复自主心跳与呼吸的重要手段。

以下为胸外心脏按摩的具体做法将溺水者仰卧平放地上，救生者骑跪在溺水者大腿两侧或跪在其身旁，两手掌相叠，掌根按在溺水者胸骨下端（对儿童，只需用一个手掌；对婴幼儿，只需三个手指），两臂伸直，身体前倾，借助身体的重量稳健地下压，压力集中在掌根，使溺水者胸骨下陷约3～4cm。然后，上体复原，迅速放松双手，但掌根不离位。如此有节奏地进行，每分钟约60～80次。下压时用力要均匀，不宜用力过猛，松手要快，见图5-2（a）。胸外心脏按摩也需要耐心和毅力，有时也要经过数小时的不懈努力才能使溺水者起死回生。胸外心脏按摩与口对口人工呼吸结合运用的方法是，如有两人配合施救，则一人做胸外心脏按摩，另一人做口对口人工呼吸；如只有一人施救，则是吹一口气后，做5～8次心脏按压，然后再吹气。经过上述抢救后必须立即送医院继续进行复苏后的治疗。

溺水者被救上岸后，如已昏迷、心跳停止、呼吸停止等，应立即采取措施进行现场急救，然后再转送医院抢救，见图5-2（b）。急救及时，方法正确，有时甚至可以使几乎毫无希望的溺水者转危为安。但若耽误了上岸后的最佳急救时机，则可能会使整个救生工作前功尽弃。岸上急救的目的在于迅速恢复严重溺水者的呼吸和心跳。

5.5.2 火灾事故应急处理

（1）火灾事故应急预案

为了提高电力生产和传输过程对各类火灾事故的应急响应和处理能力，建立快速、有效的抢险、救援机制，最大限度地减轻火灾事故造成的损失，保障全体职员的人身和财产安全，各个公司往往都依据《中华人民共和国安全生产法》《中华人民共和国消防法》《电力设备典型消防规程》等有关法律法规及《发电厂突发事件总体应急预案》制定本公司的火灾事故应急预案。

在火灾事故预防与应急处理工作中，必须贯彻“集中领导、分级负责、统一指挥、运行高效”的原则，遵循“保人身、保电网、保设备”的方针，火灾事故的应急过程主要以扑救火灾、抢救人员和贵重设施为主要任务。

以下为各个职能机构的应急职责。

① 保卫部：a. 负责火灾事故的应急指挥；b. 负责督促各单位做好火灾事故所需应急物资的准备；c. 配合其他部门做好火灾事故现场的警戒和人员、物资疏散安置工作；d. 负责火灾事故应急预案的编制；e. 负责组织火灾事故应急预案的演练。

② 安全监察部：a. 负责火灾事故发生原因的调查、分析；b. 负责牵头对火灾事故应急预案的年度评审工作；c. 监督、协助其他部门做好火灾事故应急工作。

③ 综合工作部：a. 在火灾事故应急中向北方电力公司报告（汇报）应急工作情况；b. 负责火灾事故应急信息的编辑；c. 负责火灾事故应急信息的发布；d. 负责接受公众对火灾事故情况的咨询。

④ 人力资源部：负责火灾事故应急知识和灭火、伤员救助技能的教育培训组织工作。在应急预案中还要明确灭火消防物资与装备的配备，包括灭火设施、检测仪

器、通信装备、交通工具、移动式起重机械、抢险车辆、维修工器具、照明装置、防护装备、救护装备、急救药品，确保以上物资的数量、性能和存放位置，保证使用时能快速有效地调动。

在火灾危险性分析方面，要逐个环节细致分析，包括以下几点。

① 发电设备：a. 氢站及氢气系统；b. 汽机密封油系统；c. 汽轮发电机组；d. 柴油发电机；e. 泵房。

② 电气系统：a. 开关室；b. 继保室；c. 电缆层；d. 过桥电缆；e. 集控电缆；f. 主控制室；g. 400V、220V、110V 蓄电池室；h. 通信楼；i. 主变、厂内变压器。

③ 锅炉：a. 磨煤机；b. 给（输）煤机；c. 燃油泵房；d. 风机；e. 预热器变速箱；f. 锅炉重油加热器；g. 煤粉仓；h. 制粉系统。

④ 燃料：a. 堆取料机；b. 输煤系统；c. 堆煤场；d. 运煤控制室。

⑤ 热化学：a. 化水设备控制系统；b. 加氯站；c. 油处理室；d. 煤粉分析室；e. 油煤化验室；f. 电子仪器间。

⑥ 其他：a. 危险品仓库；b. 设备备品仓库；c. 电料五金库；d. 汽车停车场；e. 加油站；f. 电梯；g. 职工食堂等。

火灾事故的响应级别为Ⅲ级响应时不启动本预案，由发生火灾的部门自行进行应急处理；当火灾事故的响应级别为Ⅱ级及以上响应或预期发展为Ⅱ级及以上时启动本应急预案。

（2）火灾事故的应急处理程序

火灾必须要满足有可燃物、空气与一定的温度三个条件同时存在才会形成，任缺一项则无法形成火灾。由此扑灭火灾的有效措施也是针对这三个条件，采用撤离、窒息、冷却三种方法。

① 撤离是将火源四周的可燃物（包括人员和重要设备）紧急移开；

② 窒息则是将火源与空气隔绝，让火焰得不到燃烧所需要的氧气而熄灭，使用泡沫灭火器和干粉灭火器就是这个道理；

③ 冷却就是将燃烧物的温度降下来，使其低于可燃物的着火点而熄灭。

发生火灾时，应该立即采取应急措施，以防止火灾的扩大和蔓延。

① 当发现周边有煳味、烟味、不正常热度时，应马上寻找产生上述异常情况的具体部位，同时将发生的情况逐级上报。

② 初起之火比较容易扑灭，即使火势较猛，也要组织人力集中进行扑救，即使不能完全扑灭，也能控制火势蔓延。

扑救初起火灾，要分秒必争，在报警的同时，采用各种可行的方法扑灭。对忌水物质，必须采用干燥的砂、土扑救；对小面积草地、灌木及其他固体可燃物燃烧，火势较小时，可用扫帚、树枝条、衣物扑打；如发生电气火灾，或者火势威胁到电气线路、电气设备，或电气影响灭火人员安全时，首先要切断电源。如使用水、泡沫等灭火剂灭火，必须在切断电源以后进行。在扑救过程中应注意保护现场，以便事后查找失火原因。

③ 当火灾情况紧急时，应马上拨打公安消防的 119 报警电话。报警时要讲清火灾的具体地点、燃烧物质、火势大小以及报警人的姓名、身份和所在部门及联系电话。打完电话后，还要派人到临近火灾地点的交叉路口等候消防车的到来，以引导消

防员迅速赶赴火场。与此同时，要迅速组织保安员疏通灭火通道，清除障物，使救火车辆到达火场后能进入最佳位置进行扑救。

④ 在无人身危险或火势较小，并能够及时扑灭时，尽量不要惊扰过多的人员。

(3) 灭火器的使用

通常的火灾一般分为由木材、纸张、棉、布、塑胶等固体燃烧所引起的普通火灾；由可燃液体、固体油脂及液化石油气、乙炔等易燃气体所引起的油类火灾；由通电中的电气设备如变压器、电线走火等所引起的电气火灾；由钾、钠、镁、锂及禁水性物质引起的金属火灾。由于可燃物火焰蔓延的途径有异，因此针对不同的火灾类型需要使用不同种类的灭火器。

① 泡沫灭火器　适用于普通火灾与油类火灾，使用时将灭火器颠倒并左右摆动，使药剂混合后，产生二氧化碳，然后拔去把手上的插销，用手压开关，喷出二氧化碳泡沫溶液，阻隔氧气将火熄灭。其缺点是容易造成污染，不可用于扑灭电气类火灾。注意事项是每四个月检查一次，内装的药剂满一年必须更换。

② 二氧化碳灭火器　这种灭火器适用于扑灭油类火灾与电气火灾，使用的方法先拔出保险插销，然后握住喇叭喷嘴前的木质握把，再压下活门开关使二氧化碳液体喷出。其缺点是使用人员肌体容易与二氧化碳液体接触受到冻伤。每三个月检查一次，重量减少即重新灌充。

③ 121 干粉灭火器 可用它扑灭普通火灾、油类火灾和电气火灾。使用时拿起灭火器，迅速摇动几下；迅速拆断封条，拔起保险插销，将喷嘴管朝向火点口，压下压板，使喷出的液流朝火苗跟部喷射。121 干粉药剂的有效时限为三年，每三个月应检查记录压力表一次，压力表示值应维持在 150～200lb/in^2 (1lb/in^2 = 0.006895 MPa)。使用时务必注意：在操作灭火时，要保持灭火器呈正立状态，并将干粉射流喷向燃烧的火焰根部。在室外使用时，要站在上风向喷射，并随着射程缩短，要逐渐接近燃烧区，以提高灭火效率。

④ 碱化烷灭火器　这种灭火器适用于扑灭各种类型的火灾，其特点是容积小、效果好、不产生腐蚀、不导电、药剂持久、没有污染。将插销拔出即可使用，握住喇叭喷嘴前木质握把，再压下活门开关即受内部高压喷出。保存和注意事项与二氧化碳灭火器的雷同。

(4) 火场逃生技巧

发生火灾时，不能乘坐电梯，要选最近的安全通道逃生。火势严重时，可用毛巾捂住鼻子，匍匐前进。事先将确定的逃生出口、路线和方法默记在心，一旦发生火灾，则按逃生路线顺利逃出火场。

逃生是争分夺秒的行动，一旦听到火灾警报或意识到自己可能被烟火包围，千万不要迟疑，要立即跑出房间，设法脱险，切不可延误逃生良机。火灾中产生的一氧化碳在空气中的含量超过 1.28%时，即可导致人在 1～3min 内窒息死亡。同时，燃烧中产生的热空气被人吸入，会严重灼伤呼吸系统的软组织，严重的也可致人员窒息死亡。

逃生的人员多数要经过充满浓烟的路线才能离开危险区域。逃生时，可把毛巾浸湿，叠起来捂住口鼻，无水时，干毛巾亦可。身边如没有毛巾，餐巾布、口罩、衣服也可以代替。要多叠几层，使滤烟面积增大，将口鼻捂严。穿越烟雾区时，即使感到呼吸困难，也不能将毛巾从口鼻上拿开。

楼房着火时，应根据火势情况，优先选用最便捷、最安全的通道和疏散设施，如疏散楼梯、消防电梯、室外疏散楼梯等。从浓烟弥漫的建筑物通道向外逃生，可向头部、身上浇些凉水，用湿衣服、湿床单、湿毛毯等将身体裹好，要低势行进穿过险区。如无其他救生器材，可考虑利用建筑物的窗户、阳台、屋顶、避雷线、落水管等脱险。当各通道全部被浓烟烈火封锁时，可利用结实的绳子，或将窗帘、床单、被褥等撕成条，拧成绳，用水沾湿，然后将其拴在牢固的暖气管道、窗框、床架上，被困人员逐个顺绳索沿墙缓慢滑到地面或下到未着火的楼层。万一身上着火，不能奔跑，应就地打滚或用厚重的衣物压灭火焰。

如果被火困在二楼内，又无条件采取其他自救方法而得不到救助，在烟火威胁、万不得已的情况下，也可以跳楼逃生。但在跳楼之前，应先向地面扔些棉被、枕头、床垫、大衣等柔软物品，以便"软着陆"。然后用手扒住窗台，身体下垂，头上脚下，自然下滑，以缩小跳落高度，并使双脚首先落在柔软物上。

如果被烟火围困在三层以上的高层内，千万不要急于跳楼，因为距地面太高，往下跳时容易造成重伤和死亡。在无路可逃生的情况下，应积极寻找暂时的避难处所，以保护自己，择机而逃。

如果在综合性多功能大型建筑物内，可利用设在电梯、走廊末端以及卫生间附近的避难间，躲避烟火的危害。

如果处在没有避难间的建筑里，被困人员应创造避难场所与烈火搏斗，求得生存。

首先，应关紧房间迎火的门窗，打开背火的门窗，但不要打碎玻璃，窗外有烟进来时，要赶紧把窗子关上。如门窗缝或其他孔洞有烟进来时，要用毛巾、床单等物品堵住，或挂上湿棉被、湿毛毯、湿床单等难燃物品，并不断向迎火的门窗及遮挡物上洒水，最后淋湿房间内一切可燃物，一直坚持到火灾熄灭。

另外，在被困时，要主动与外界联系，以便极早获救。如房间有电话、对讲机、手机，要及时报警。如果没有这些通信设备，白天可用各色旗子或衣物摇晃，向外投掷物品示意自己被困的位置；夜间可摇晃点着的打火机、划火柴、打开电灯、手电向外报警求援。

在逃生过程中如果有可能应及时关闭防火门、防火卷帘门等防火分隔物，启动通风和排烟系统，以便赢得逃生的救援时机。沿着公共场所的墙面上、顶棚上、门顶处、转弯处设置的"太平门""紧急出口""安全通道"以及逃生方向箭头逃生。

在众多被困人员同时逃生的过程中，极易出现拥挤、聚堆、甚至倾轧践踏的现象，造成通道堵塞和不必要的人员伤亡。如果在逃生过程中看见前面的人倒下去了，应立即扶起，对拥挤的人应给予疏导或选择其他疏散方法予以分流，减轻单一疏散通道的压力，竭尽全力保持疏散通道畅通，以最大限度减少人员伤亡。

5.6 化学品事故的应急处理

化学品事故是指由于人为或自然的原因，引起一种或数种化学品意外释放造成的事故，与其他事故相比，其后果更严重。因此，如何预防化学品事故的发生，以及怎样将化学品事故所造成的影响和损失减少到最小（即应急处理）已成为全社会所关注的问题。

5.6.1 化学危险品可能引起的伤害和预防

一般来说，化学品的意外释放有可能造成以下伤害。

① 气体刺激眼睛和鼻膜，导致流泪甚至致盲；

② 意外触及肌体，造成皮肤灼伤、溃疡、糜烂；

③ 当释放化学品在空气中的浓度高、接触时间长时会严重损伤呼吸道，造成胸闷、窒息的伤害；

④ 某些化学品的毒害性不是急性的，吸入超过一定的剂量就会麻痹人的神经系统，头晕昏迷；

⑤ 还有一些化学品具有易燃易爆的性质，达到一定的条件时就会燃烧、爆炸，摧毁设备、建筑和物品，伤及人员甚至导致死亡。

因此，电力生产和传输过程发生化学品事故与其他类型事故的伤害是有所不同的。通常而言，电力生产和传输过程中使用和接触到的危险和毒害性化学品并不多，但也不是完全没有。因此，做好对化学品事故的预防工作也不能掉以轻心。

简单地说，要做好对化学品事故的预防，首先要了解各种化学危险品的特性，妥善保管好化学危险品，不违章使用和盲目操作；使用过程中严防室内积聚高浓度的易燃易爆和有危害性的化学品气体；在使用和储存相关化学品的场所配置相应的防护器材，如隔绝式和过滤式防护手套、防毒面具、防毒衣、湿毛巾、湿口罩、雨衣、雨靴等。

（1）常见化学危险品的种类和性能简介

我国对于常用危险化学品专门制定了相关名录，并于1992年由国家质量技术监督局发布了国家标准《常用危险化学品的分类及标志》（GB 13690—1992），按主要危险特性把危险化学品分为爆炸品、压缩气体和液化气体、易燃液体、易燃固体、自燃物品和遇湿易燃物品、氧化剂和有机过氧化物、有毒品、放射性物品、腐蚀品八类，并规定了常用危险化学品的包装标志二十七种，其中主标志十六种，见图5-3，副标志十一种。主标志由表示危险化学品危险特性的图案、文字说明、底色和危险类别号四个部分组成的菱形标志，副标志图形没有危险品类别号，这些图示标志适用于危险货物的运输包装。当一种危险化学品具有一种以上的危险性时，应该用主标志表示主要危险性类别，并用副标志表示重要的其他的危险性类别。

第一类是爆炸品，指在外界作用下（如受热、摩擦、撞击等）能发生剧烈的化学反应，瞬间产生大量的气体和热量，使周围的压力急剧上升，发生爆炸，对周围环境、设备、人员造成破坏和伤害的物品。爆炸品在国家标准中分五项，其中有三项包含危险化学品，另外两项专指弹药。第一项是具有整体爆炸危险的物质和物品，如高氯酸；第二项是具有燃烧危险和较小爆炸危险的物质和物品，如二亚硝基苯；第三项是无重大危险的爆炸物质和物品，如四唑并-1-乙酸。

第二类指压缩气体和液化气体，即可压缩的、液化的或加压溶解的气体。当它们

图 5-3　八类危险化学品标志

受热、撞击或强烈震动时，容器内压力急剧增大，致使容器破裂，物质泄漏、爆炸等。它分三项：第一项是易燃气体，如氨气、一氧化碳、甲烷等；第二项是本身不能燃烧的气体（包括助燃气体），如氮气、氧气等；第三项是有毒气体，如氯（液化的）、氨（液化的）等。

第三类是易燃液体，这类物质在常温下易挥发，其蒸气与空气混合后达到一定的浓度能形成爆炸性混合物。它分三项：第一项指低闪点液体，即闪点低于－18℃的液体，如乙醛、丙酮等；第二项是闪点在－18～23℃的中闪点液体，如苯、甲醇等；第三项是高闪点液体（闪点在 23～61℃），如环辛烷、氯苯、苯甲醚等。

第四类包括易燃固体、自燃物品和遇湿易燃物品。这类物品易于引起火灾，依据它的燃烧特性分为三项：第一项是易燃固体，指燃点低，对热、撞击、摩擦敏感，易被外部火源点燃，迅速燃烧，能散发有毒烟雾或有毒气体的固体，如红磷、硫黄等；第二项是自燃物品，指自燃点低，在空气中易于发生氧化反应放出热量而自行燃烧的物品，如黄磷、三氯化钛等；第三项是遇湿易燃物品，指遇水或受潮时，与水发生剧烈反应，放出大量易燃气体和热量的物品，有的不需明火，就能燃烧或爆炸，如金属钠、氢化钾等。

第五类包含氧化剂和有机过氧化物。这类物品具有强氧化性，易引起燃烧、爆炸，按其组成分为两项：第一项是氧化剂，指具有强氧化性，易分解放出氧和热量的物质，对热、震动和摩擦比较敏感，如氯酸铵、高锰酸钾等；第二项是有机过氧化物，指分子结构中含有过氧键的有机物，其本身是易燃易爆、极易分解，对热、震动和摩擦极为敏感，如过氧化苯甲酰、过氧化甲乙酮等。

第六类是毒害品，指进入人（动物）肌体后，累积达到一定的量能与体液和组织发生生物化学作用或生物物理作用，扰乱或破坏肌体的正常生理功能，引起暂时或持久性的病理改变，甚至危及生命的物品，如各种氰化物、砷化物、化学农药等。

第七类是放射性物品。它属于危险化学品，但不属于《危险化学品安全管理条例》的管理范围，我国有另外的专门“条例”进行管理。在核电厂经常有这类物质出现和使用。

第八类是腐蚀品，指的是能灼伤人体组织并对金属等物品造成损伤的固体或液体。按化学性质分为三项：第一项是酸性腐蚀品，如硫酸、硝酸、盐酸等；第二项是碱性腐蚀品，如氢氧化钠、硫氢化钙等；第三项是其他腐蚀品，如二氯乙醛、苯酚钠等。

工业和日常生活中常见的危险化学品有：天然气、液化气、管道煤气、香蕉水等油漆稀释剂、汽油、苯、甲苯、甲醇、氯乙烯、液氯（氯气）、液氨（氨、氨水）、二氧化硫、一氧化碳、氟化氢、过氧化物、氰化物、黄磷、三氯化磷、强酸、强碱、农药杀虫剂等。

（2）化学危险品的使用和储存注意事项

① 熟悉和牢记所使用的化学物品的品名和性能，务必按照岗位安全操作规程和安全技术交底事项进行操作。

② 发电厂使用的化学危险品数量小、品种多。存放时必须标识鲜明，按照各自的化学性质和防火灭火方法的差异隔离、隔开，不得同库存放；遇水、湿气分解燃烧或产生有毒气体的，不得露天堆放；仓库必须通风、防湿、防潮，与周边距离50 m以上，并有避雷设施。

③ 在进行危险化学品装卸和运输时，要求机动车辆必须装阻火器（不能用电瓶铲车装卸），搬运时，要轻拿轻放，不准拖、拉、抛、滚及拖拉、摩擦、撞击，避免摩擦、日晒、雨淋。在机械吊装作业时，应防止高空散落，夏天高温季节不宜在每日的8：00～18：00时段作业，避免烈日暴晒。作业人员不得携带火种或穿戴带铁钉的鞋进入作业现场。如遇有闪电雷击、风雪天气，应立即关闭车厢、舱门，停止作业。夜间作业不准使用明火灯具，应用防爆灯具。

④ 仓储管理上严格执行出入库登记制度，定期检查，包装物必须完整、密封，稍有破损，要马上采取补救措施。

⑤ 严禁烟火、明火和违章操作，配备必要的灭火器及报警装置。

⑥ 化学试剂的管理应根据试剂的毒性、易燃性、腐蚀性和潮解性等不同的特点，以不同的方式妥善管理。化验室内只能存放少量短期内需用的药品，易燃易爆试剂应放在铁柜中，柜的顶部要有通风口。存放试剂时，要注意化学试剂的存放期限，某些试剂在存放过程中会逐渐变质，甚至形成危害物，如醚类、四氢呋喃、二氧六环、

烯、液体石蜡等，在见光条件下，若接触空气可形成过氧化物，放置时间越久越危险。

5.6.2　发生化学品事故时的应急措施

化学品事故的应急处理过程一般包括报警、紧急疏散、现场急救、溢出或泄漏处理和火灾控制几方面。

（1）事故报警

当发生突发性危险化学品泄漏或火灾爆炸事故时，现场人员在保护好自身安全的情况下，及时检查事故部位，并向有关人员报警。如果是发生在企业内部，应向当班车间主任或值班长，和企业调度室报告；如果是在运输途中应向当地应急救援部门、119或120报警。报警内容应包括事故单位、事故发生的时间、地点、化学品名称和泄漏量、事故性质（外溢、爆炸、火灾）、危险程度、有无人员伤亡以及报警人姓名及联系电话。及时传递事故信息，通报事故状态，是使事故损失降低到最低的关键环节，这个环节处理得当会使可能形成的灾难性事故变成灾害性事故，而一些小事故处理不当，延误时间，也能形成灭顶之灾。

（2）紧急疏散

事故发生后，立即根据化学品泄漏的扩散情况或火焰辐射热所涉及的范围建立警戒区，并在通往事故现场的主要干道上实行交通管制。警戒区域的边界应设警示标志并有专人警戒。除消防及应急处理人员外，其他人员禁止进入警戒区。当泄漏、溢出的化学品为易燃品时，区域内应严禁火种。

迅速将警戒区内与事故应急处理无关的人员撤离，以减少不必要的人员伤亡。紧急疏散时应注意：如事故物质有毒时，需要佩戴个人防护用品，并有相应的监护措施；人员不要在低洼处滞留，应向上风方向转移；明确专人引导和护送疏散人员到安全区，并在疏散或撤离的路线上设立哨位，指明方向；要及时查明是否有人留在污染区与着火区。

（3）现场急救

在事故现场，化学品对人体可能造成的伤害为中毒、窒息、冻伤、化学灼伤、烧伤等，进行急救时，不论患者还是救援人员都需要进行适当的防护。当现场有人受到化学品伤害时，应立即进行以下处理。

迅速将患者脱离现场至空气新鲜处。

伤员感到呼吸困难时要紧急输氧。

呼吸停止的应立即进行人工呼吸。

心脏骤停，立即进行心脏按摩。

皮肤受到污染时，要立即脱去污染的衣服，用流动清水冲洗，冲洗要及时、彻底、反复多次。头面部灼伤时，要注意眼、耳、鼻、口腔的清洗。

当人员发生冻伤时，应迅速复温。复温的方法是采用40～42℃的恒温热水浸泡，使其温度提高至接近正常。在对冻伤的部位进行轻柔按摩时，应注意不要将伤处的皮肤擦破，以防感染。

当人员发生烧伤时，应迅速将患者衣服脱去，用水冲洗降温，用清洁布覆盖创伤面，避免伤面污染，不要任意把水疱弄破。患者口渴时，可适量饮水或含盐饮料。

对于经口误服者，可根据物料性质，对症进行催吐、洗胃等处理。

伤病员经现场应急处理后，应迅速护送至医院救治。

（4）泄漏控制

易燃化学品的泄漏处理不当，随时都有可能转化为火灾爆炸事故，而火灾爆炸事故又常因泄漏事故蔓延而扩大。

要成功地控制化学品的泄漏，必须对化学品的化学性质和反应特性有充分的了解。

必须进入泄漏现场进行处理时，应注意以下几项。必须配备必要的个人防护器具；如果泄漏物化学品是易燃易爆的，应严禁火种；应急处理时严禁单独行动，要有监护人，必要时用水枪、水炮掩护。

在厂（公司）调度室的指令下通过关闭有关阀门、停止作业或通过采取改变工艺流程、物料走副线、局部停车、打循环、减负荷运行等方法控制和堵塞泄漏。

容器发生泄漏后，应采取措施修补和堵塞裂口，制止化学品的进一步泄漏。能否成功地进行堵漏取决于几个因素：接近泄漏点的危险程度、泄漏孔的尺寸、泄漏点处实际的或潜在的压力、泄漏物质的特性。

当泄漏被控制后，要及时将现场泄漏物进行覆盖、收容、稀释、处理，使泄漏物得到安全可靠的处置，防止二次事故的发生。对泄漏物的处置主要有四种方法。

① 围堤堵截：如果化学品为液体，泄漏到地面上时会四处蔓延扩散，难以收集处理。为此需要围堤堵截或者引流到安全地点。对于贮罐区发生液体泄漏时，要及时关闭雨水阀，防止物料沿明沟外流。

② 稀释与覆盖：为减少大气污染，通常是采用水枪或消防水带向有害物蒸气云喷射雾状水，加速气体向高空扩散，使其向安全地带扩散。在使用这一技术时，将产生大量的被污染水，因此应疏通污水排放系统。对于可燃物，也可以在现场施放大量水蒸气或氮气，破坏燃烧条件。对于液体泄漏，为降低物料向大气中的蒸发速度，可用泡沫或其他覆盖物品覆盖外泄的物料，在其表面形成覆盖层，抑制其蒸发。

③ 收集：对于大型泄漏，可选择用隔膜泵将泄漏出的物料抽入容器内或槽车内；当泄漏量小时，可用沙子、吸附材料、中和材料等吸收中和。

④ 废弃：将收集的泄漏物运至废物处理场所处置。用消防水冲洗剩下的少量物料，冲洗水排入含油污水系统处理。

（5）火灾控制

危险化学品容易发生火灾、爆炸事故。与普通火灾不同的是化学品在不同情况下发生火灾时，其扑救方法差异很大，若处置不当，不仅不能有效扑灭火灾，反而会使灾情进一步扩大。此外，由于化学品本身及其燃烧产物大多具有较强的毒害性和腐蚀性，极易造成人员中毒、灼伤。因此，扑救危险化学品火灾是一项极其重要而又非常危险的工作。

5.6.3 身处化学品事故现场的防护要点

① 呼吸防护：在确认发生毒气泄漏或危险化学品事故后，应马上用手帕、餐巾纸、衣物等随手可及的物品捂住口鼻。手头如有水或饮料，最好把手帕、衣物等浸

湿。最好能及时戴上防毒面具、防毒口罩。

② 皮肤防护：尽可能戴上手套，穿上雨衣、雨鞋等，或用床单、衣物遮住裸露的皮肤。如已备有防化服等防护装备，要及时穿戴。

③ 眼睛防护：尽可能戴上各种防毒眼镜、防护镜或游泳用的护目镜等。

④ 人员撤离：判断毒源与风向，沿上风或上侧风路线，朝着远离毒源的方向撤离现场。

⑤ 污染物洗消：到达安全地点后，要及时脱去被污染的衣服，用流动的水冲洗身体，特别是曾经裸露的部分。

⑥ 紧急救治：迅速拨打“120”，将中毒人员及早送医院救治。中毒人员在等待救援时应保持平静，避免剧烈运动，以免加重心肺负担致使病情恶化。

⑦ 食品检测：污染区及周边地区的食品和水源不可随便动用，须经检测无害后方可食用。

5.7 交通事故的应急处理

《中华人民共和国道路交通安全法》第七十条规定，在道路（包括厂内区域道路）上发生交通事故，车辆驾驶人应当立即停车，保护现场。造成人身伤亡的，车辆驾驶人应当立即抢救受伤人员，并迅速报告执勤的交通警察或者公安机关交通管理部门。因抢救受伤人员变动现场的，应当标明位置。乘车人、过往车辆驾驶人、过往行人应当予以协助。

发生交通事故可能造成的后果有：① 给驾驶员及司乘人员造成身体伤害；② 给家属亲友造成心灵创伤；③ 对社会造成恶劣影响；④ 给所在企业带来重大的经济损失。

5.7.1 形成交通事故的风险分析

造成交通事故的风险来源主要有以下几点。

① 路面情况：冰雪、湿滑、乡村泥土等不利于控制车辆的路面。

② 气候环境：狂风暴雨、大雾弥漫、酷暑炎热、冰寒严冬等影响驾驶员视野和操控汽车的因素。

③ 地理因素：道路上有连续弯道、狭窄车道、陡坡急弯等“高难度”危险路段。

④ 车辆自身隐患：没有及时消除机械缺陷、保养达不到要求、修理质量低劣、长途出车前检查车辆不全面（检查包括各种车灯、轮胎的胎压及其均衡性、刹车片、汽车电气及机械系统）等。

⑤ 司机的生理心理状况：酒后驾车、疲劳驾驶、视力欠佳、听力不聪、年岁偏高行动迟缓、心情欠佳等。

⑥ 装载违规：超载、超高、超长、重心偏离、违规运载危险品、货棚防雨、防洒、捆绑措施不到位等。

⑦ 行车操作失范：超速行驶、弯道超车、占道行驶、麻痹驾驶、判断失误等。

⑧ 其他因素：除上述因素以外的其他危险因素。

5.7.2 交通事故应急处理程序和处置措施

（1）立即停车

车辆发生交通事故时必须立即停车。停车以后按规定拉紧手制动，切断电源，开启危险报警闪光灯，如在夜间发生事故还需打开示宽灯、尾灯。在高速公路发生事故时，还须在车后按规定设置危险警告标志。

司乘人员应迅速判断事件原因，在保证自身安全和避免事故伤亡人员再次受到伤害的前提下第一时间使事件伤亡人员脱离事件危险源并转移至安全区域，再对其进行力所能及的救治，然后报警。当事人应及时将事故发生的时间、地点、肇事车辆及伤亡情况，打电话或委托过往车辆、行人向附近的公安机关或执勤交警报案。在警察来到之前，不能离开事故现场，不允许隐匿不报。在报警的同时，也可向附近的医疗单位、急救中心呼救、求援。如果现场发生火灾，还应向消防部门报告。当事人应得到接警机关明确答复才可挂机，并立即回到现场等候救援及接受调查处理。救治伤员时要注意保护现场，有条件的可以对现场进行拍照。如果有目击者，要记下目击者的姓名和联系方式。并在48小时内向保险公司报案。最后等待交警现场调查询问。

（2）保护现场

为了便于交警勘察事故原因和分辨事故责任，应努力保护现场的原始状态，包括其中的车辆、人员、牲畜和遗留的痕迹、散落物不随意挪动位置。当事人在交通警察到来之前可以用绳索等设置保护警戒线，防止无关人员、车辆等进入，避免现场遭受人为或自然条件的破坏。为抢救伤者，必须移动现场肇事车辆、伤者等，应在其原始位置做好标记，不得故意破坏、伪造现场。

（3）抢救伤者或财物

当事人确认受伤者的伤情后，能采取紧急抢救措施的，应尽最大努力抢救，包括采取止血、包扎、固定、搬运和心肺复苏等，并设法送到就近的医院抢救治疗。除未受伤或虽有轻伤本人拒绝去医院诊断的情况外，一般可以拦搭过往车辆或通知急救部门、医院派救护车前来抢救。对于现场散落的物品及被害者的钱财应妥善保管，注意防盗防抢。在有可能发生大火、爆炸的险情时，应及时采取措施排除危险。

（4）做好防火防爆措施

事故当事人还应做好防火防爆措施，首先应关掉车辆的引擎，消除其他可能引起火灾的隐患。事故现场禁止吸烟，以防引燃泄漏的燃油。载有危险物品的车辆发生事故时，有危险性液体、气体发生泄漏，要及时将危险物品的化学特性，如是否有毒、易燃易爆、腐蚀性及装载量、泄漏量等情况通知警方及消防人员，以便采取防范措施。

（5）协助现场调查取证

在交通警察勘察现场和调查取证时，当事人必须如实向公安交通管理机关陈述交通事故发生的经过，不得隐瞒交通事故的真实情况，应积极配合协助交通警察做好善后处理工作，并听候公安交警部门处理。过往车辆驾驶人员和行人遇见交通事故，应当协助事故当事人向事故处理机关报告；协助有关部门维护现场秩序；积极抢救伤者等。行人若目睹事故的发生经过，应该向交警部门阐明事实。如果有肇事司机逃逸，应该记录下肇事车辆的车牌号码及逃逸方向，向交警部门报告。

（6）现场应急处置原则

在交通事故的应急处理工作中，必须遵循“快速反应、迅速抢救”的原则，最大限度地降低伤亡和损失。当交通事故伤亡人员得到救护、现场得到控制后，现场应急救援人员应对事故现场及时进行清理，尽早恢复正常交通；采取必要措施尽早消除可能再次造成交通事故的伤害。做到正确判断、及时处理，防止事态扩大。

对现场伤残人员的救护判断方法有以下几种。

① 伤员意识的分辨，轻轻拍打伤员肩部，高声喊叫“喂，你怎么啦!”；如果是认识的人员，可直接呼叫其姓名。

② 如果伤者对呼叫无反应，立即用手指掐压人中穴、合谷穴约5s；以上动作应在10s以内完成。伤员如有反应后立即停止掐压穴位，拍打肩部不可用力太重。

③ 一旦初步确定伤员意识丧失应立即大声向周围呼救，并帮助伤员调整体位。如伤员面部向下，应一手托住其颈部，另一手扶着其肩部，以脊柱为轴心，使伤员头、颈、躯干平稳地直线转至仰卧体位，让其躺在坚实的平面上，四肢平放，将手臂举过头，拉直双腿，并解开上衣，暴露胸部或仅留内衣，气温低时要注意使其保暖。

④ 假如伤员呼吸微弱或停止时，应立即采用仰头举额法通畅伤员的呼吸气道，即一手置于其前额使头部后仰，另一手的食指与中指置于下颌骨近下颏角处抬起下颏。严禁用枕头等物垫在伤员头下，手指不要压迫气道，颈部上抬时要控制后仰的程度。

⑤ 判断伤员的呼吸情况，如意识丧失应在畅通气道后10s内用看、听、试的方法判定伤员自主呼吸的情况，必要时辅以人工呼吸或胸外心脏按摩法帮助恢复呼吸。事故现场针对伤员进行的心肺复苏应坚持不断地进行，不得随意放弃抢救。

5.8 发生事故后的一般处理程序与工伤的认定

国务院颁布的《电力安全事故应急处置和调查处理条例》是企业发生电力安全事故后应急处置和调查处理的规范文件。

5.8.1 电力安全事故的一般处理程序

在具体处理过程中，大体上可以分为事故报告、事故调查、事故处理、事故结案四个阶段。

（1）事故报告阶段

发生重大安全事故后，事故发生单位负责人应在接到报告后1h内向事故发生地县级以上人民政府安全生产监督管理部门和负有安全生产监督管理职责的有关部门（以下简称主管部门）报告，安监部门和主管部门接到报告后应立即赶赴事故现场，组织事故救援，保护事故现场。同时安监部门和主管部门应严格按照《条例》规定及时逐级上报事故。

报告事故的内容具体包括：① 事故发生单位概况；② 事故发生的时间、地点以及事故现场情况；③ 事故的简要经过；④ 事故已经造成或者可能造成的伤亡人数（包括下落不明的人数）和初步估计的直接经济损失；⑤ 已经采取的措施；⑥ 其他应当报告的情况。

同时通知公安、劳动保障、工会、人民检察院等相关部门。自事故发生之日起30日内，事故造成的伤亡人数发生变化的，应当及时补报。事故单位发生迟报、漏报、谎报和瞒报行为，经查证属实的，应立即上报事故情况。

（2）事故调查阶段

事故调查由人民政府或人民政府授权、委托的有关部门组织进行，事故调查组由人民政府、安监、主管部门、监察、公安、工会等部门的有关人员组成，并应当邀请人民检察院派员参加，视情况也可以聘请有关专家参与。调查组成员如果与调查的事故有直接利害关系的，必须回避；调查组长由市级政府指定。

事故调查的主要任务是：① 查明事故发生的经过、原因、人员伤亡情况及直接经济损失；② 认定事故的性质和事故责任；③ 提出对事故责任者的处理建议；④ 总结事故教训，提出防范和整改措施；⑤ 提交事故调查报告。事故调查报告应当附具有关证据材料。

事故调查取证是完成事故调查过程的非常重要的一个环节，主要包括以下五个方面。① 事故现场处理。为保证事故调查、取证客观公正地进行，在事故发生后，对事故现场要进行保护。② 事故有关物证收集。③ 事故事实材料收集。一是手机与事故鉴别、记录有关的材料，二是事故发生的有关事实。④ 事故人证材料收集记录。⑤ 事故现场摄影、拍照及事故现场图绘制。一是事故现场摄影、拍照，二是事故现场图的绘制。

（3）事故处理阶段

事故处理是根据事故调查的结论，对照国家有关法律法规，对事故责任人进行处理的过程。落实防范重复事故发生的措施，贯彻“四不放过”原则的要求。所以，事故调查是事故处理的前提和基础，事故处理是事故调查目的的实现和落实。

对于重大事故、较大事故、一般事故，负责调查的人民政府应当在收到事故调查报告的15天之内做出批复。有关机关应当按照人民政府的批复，依照法律、行政法规规定的权限和程序，对事故发生单位和有关人员进行行政处罚，对负有事故责任的国家工作人员进行处分。事故发生单位应当对本单位负有事故责任的人员进行处理，涉嫌犯罪的要依法追究刑事责任。

事故调查与事故处理是两个相对独立而又密切联系的工作。事故处理的任务，主要是根据事故调查的结论，对照国家有关法律法规，对事故责任人进行处理，落实防范事故重复发生的措施，贯彻“四不放过”原则的要求。所以，事故调查是事故处理的前提和基础，事故处理是事故调查目的之实现和落实。

所谓对处理事故的“四不放过”原则，其具体内容是：① 事故原因未查清不放过；② 责任人员未受到处理不放过；③ 事故责任人和周围群众没有受到教育不放过；④ 事故制定的切实可行的整改措施未落实不放过。事故处理的“四不放过”原则是要求对安全生产工伤事故必须进行严肃认真的调查处理，接受教训，防止同类事故重复发生。

（4）事故结案阶段

按照政府批复的事故调查报告，有关机关和事故发生单位应当及时将处理结果呈报调查组牵头单位，事故调查组及时予以结案，出具结案通知书。

事故结案应归档的资料有：① 职工伤亡事故登记表；② 事故调查报告及批复；③ 现场调查记录、图纸、照片；④ 技术鉴定或试验报告；⑤ 物证、人证材料；⑥ 直接和间接经济损失材料；⑦ 医疗部门对伤亡人员的诊断书；⑧ 发生事故的工艺条件、操作情况和设计资料；⑨ 处理结果和受处分人员的检查材料；⑩ 有关事故通报、简报及文件。

安全事故处理的一般流程图见图 5-4。

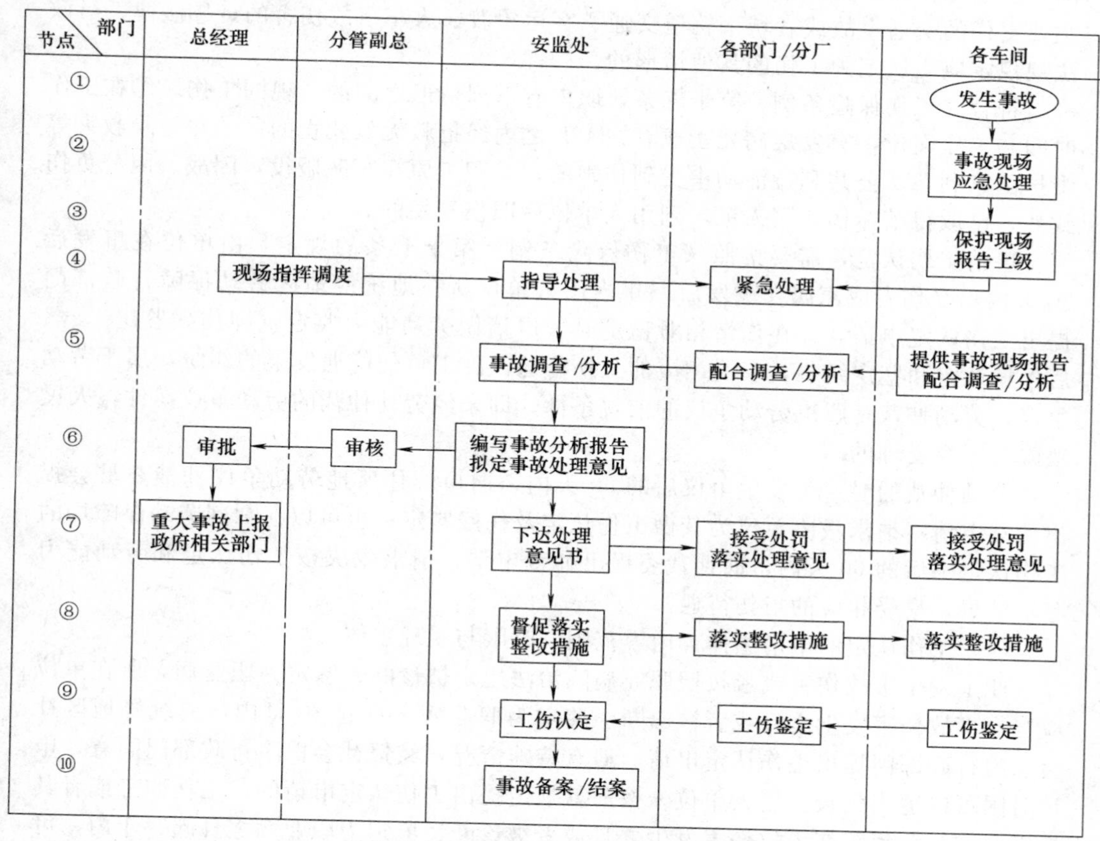

图 5-4　安全事故处理的一般流程

5.8.2 伤认定程序

工伤，又称为产业伤害、职业伤害、工业伤害、工作伤害，是指劳动者在从事职业活动或者与职业活动有关的活动时所遭受的不良因素的伤害和职业病伤害。现行的《工伤保险条例》自 2011 年 1 月 1 日起施行。

工伤不同于其他人身伤害。工伤必须符合法定条件并经法定程序认定为工伤。因此，发生工伤后，依法进行工伤认定非常重要。需要强调的是，应当由省级劳动保障行政部门进行工伤认定的事项，根据属地原则，由用人单位所在地的设区的市级劳动保障行政部门办理。申请工伤认定时应当提交工伤认定申请表、劳动关系证明、医疗诊断证明或者职业病诊断证明等材料。劳动保障行政部门应当自受理工伤认定申请之日起60天内做出工伤认定决定，并书面通知申请人和用人单位。

符合《工伤保险条例》第十四条，职工有下列情形之一的，应当认定为工伤。①在工作时间和工作场所内，因工作原因受到事故伤害的；②工作时间前后在工作场所内，从事与工作有关的预备性或者收尾性工作受到事故伤害的；③在工作时间和工作场所内，因履行工作职责受到暴力等意外伤害的；④患职业病的；⑤因工外出期间，由于工作原因受到伤害或者发生事故下落不明的；⑥在上下班途中，受到非本人主要责任的交通事故或者城市轨道交通、客运轮渡、火车事故伤害的；⑦法律、行政法规规定应当认定为工伤的其他情形的。

符合《工伤保险条例》第十五条，职工有下列情形之一的，视同工伤。①在工作时间和工作岗位，突发疾病死亡或者在48h之内经抢救无效死亡的；②在抢险救灾等维护国家利益、公共利益活动中受到伤害的；③职工原在军队服役，因战、因公负伤致残，已取得革命伤残军人证，到用人单位后旧伤复发的。

申请工伤认定，需要按照《工伤保险条例》第十七条的规定，由单位在事发后30天内，受伤者或家属在事发后一年内用人单位所在地统筹地区劳动保障行政部门提出工伤认定申请，并在伤情相对稳定时，申请做劳动能力鉴定（即伤残鉴定），然后根据认定和鉴定结果，享受相应的工伤待遇。因工负伤待遇发生的纠纷，属于劳动争议，劳动仲裁是解决劳动争议的前置条件，即未经劳动仲裁的劳动争议案件，人民法院是不会受理的。

劳动仲裁的时效为发生争议后的60天内，向单位住所地劳动争议仲裁委员会提出仲裁申请，请求裁决单位为其做工伤认定及伤残鉴定；也可以在拿到劳动保障局的工伤认定书后的60天内，向仲裁委提出仲裁申请，请求裁决按工伤认定和劳动能力鉴定结果，享受相应的工伤待遇。

（1）工伤认定的申请主体、内容范围、时限与受理主体

职工发生事故伤害或者按照职业病防治法规定被诊断、鉴定为职业病，所在单位应当自事故伤害发生之日或者被诊断、鉴定为职业病之日起30日内，向统筹地区社会保险行政部门提出工伤认定申请。遇有特殊情况，经报社会保险行政部门同意，申请时限可以适当延长。用人单位未按前款规定提出工伤认定申请的，工伤职工或者其近亲属、工会组织在事故伤害发生之日或者被诊断、鉴定为职业病之日起一年内，可以直接向用人单位所在地统筹地区社会保险行政部门提出工伤认定申请。按照规定应当由省级社会保险行政部门进行工伤认定的事项，根据属地原则由用人单位所在地的设区的市级社会保险行政部门办理。

（2）工伤申报、认定流程

① 申报材料。申请人提出工伤认定申请时，应当提交下列材料。a. 工伤认定申请表，包含受伤害职工的居民身份证，事故发生的时间、地点、原因以及职工伤害程度等基本情况。b. 与用人单位存在劳动关系（包括事实劳动关系、当时所从事的工

作、受伤害的原因）的证明材料。c. 职工受伤害时初诊的医疗诊断以及伤害部位和程度的证明，或者职业病诊断证明书（或鉴定书）。职业病患者应写明在何单位从事何种有害作业以及起止时间、确诊结果。

有下列情形之一的，还应当分别提交相应证据。a. 职工死亡的，提交死亡证明；b. 在工作时间和工作场所内，因履行工作职责受到暴力等意外伤害的，提交公安部门的证明或者其他相关证明；c. 因工外出期间，由于工作原因受到伤害或者发生事故下落不明的，提交公安部门的证明或者相关部门的证明；d. 上下班途中，受到非本人主要责任的交通事故或者城市轨道交通、客运轮渡、火车事故伤害的，提交公安机关交通管理部门或者其他相关部门的证明；e. 在工作时间和工作岗位，突发疾病死亡或者在48h之内经抢救无效死亡的，提交医疗机构的抢救证明；f. 在抢险救灾等维护国家利益、公共利益活动中受到伤害的，提交民政部门或者其他相关部门的证明；g. 属于因战、因公负伤致残的转业、复员军人，旧伤复发的，提交《革命伤残军人证》及劳动能力鉴定机构对旧伤复发的确认。

② 申报材料的审核。工伤认定申请人提供材料不完整的，社会保险行政部门应当一次性书面告知需要补正的全部材料。申请人按照书面告知要求补正材料后，社会保险行政部门应当受理。社会保险行政部门受理工伤认定申请后，根据审核需要可以对事故伤害进行调查核实，用人单位、职工、工会组织、医疗机构以及有关部门应当予以协助。职业病诊断和诊断争议的鉴定，依照职业病防治法的有关规定执行。对依法取得职业病诊断证明书或者职业病诊断鉴定书的，社会保险行政部门不再进行调查核实。职工或者其近亲属认为是工伤，而用人单位不认为是工伤的，由用人单位承担举证责任。

③ 时限中止与决定。做出工伤认定决定需要以司法机关或者有关行政主管部门的结论为依据的，在司法机关或者有关行政主管部门尚未做出结论期间，做出工伤认定决定的时限中止。社会保险行政部门应当自受理工伤认定申请之日起60日内做出工伤认定的决定，并书面通知申请工伤认定的职工或者其近亲属和该职工所在单位。社会保险行政部门对受理的事实清楚、权利义务明确的工伤认定申请，应当在15日内做出工伤认定的决定。

④ 工伤认定结论的送达。社会保险行政部门应当自工伤认定决定做出之日起20日内，将《认定工伤决定书》或者《不予认定工伤决定书》送达受伤害职工（或者其近亲属）和用人单位，并抄送社会保险经办机构。《认定工伤决定书》和《不予认定工伤决定书》的送达参照民事法律有关送达的规定执行。

（3）工伤鉴定流程

工伤鉴定流程有三个步骤，分别是工伤认定、劳动能力鉴定和工伤职工应享有的待遇及救济途径。工伤认定申请即可由用人单位提出，也可由工伤职工或者其直系亲属、工会组织提出。申请人不同，申请的先后顺序也不同。

工伤认定完毕，经治疗终结或治疗伤情相对稳定后存在残疾，影响劳动能力的，工伤职工还应当进行劳动能力鉴定。劳动能力鉴定是指劳动功能障碍程度和生活自理障碍程度的等级鉴定。劳动功能障碍分为十个伤残等级，一级最重，十级最轻。生活自理障碍分为三个等级：部分不能自理，大部分不能自理和完全不能自理。劳动能力鉴定申请人可以是用人单位、工伤职工或其直系亲属。申请人之间不分先后顺序。受理机构是设区的市级劳动能力鉴定委员会。申请鉴定时应当提供工伤认定决定和工伤医疗的有关材料。劳动能力鉴定结论应当在60日内做出，申请人不服的，可以在15日内向省级劳动能力鉴定委员会提出再次申请，省级劳动能力鉴定委员会做出的鉴定结论为最终结论。劳动能力鉴定结论做出一年后，伤残情况发生变化的，还可申请劳动能力复查鉴定。

根据《工伤保险条例》规定，工伤职工应享有工伤医疗待遇、停工留薪待遇。造成残疾的，应享有一次性伤残补助金、伤残津贴、一次性工伤医疗补助金、一次性伤残就业补助金、生活护理费、残疾辅助器具费等。以上伤残待遇并不是每个工伤职工都全部享有，即使应当享有也不能一概而论，根据伤残程度不同，享有的标准和获得的补偿数额也不同。造成死亡的，应享有一次性工亡补助金、丧葬补助金和供养亲属抚恤金。鉴定费、交通费、营养费，根据具体实际情况由用人单位承担。

工伤纠纷的解决途径主要有和解、调解、仲裁和诉讼。不管采用哪种方式解决，都不应盲目去做，应当咨询或聘请专业律师，以便更好地保护伤残者的合法权益。

工伤报销需要提供工伤医疗终结书、费用支付申报表（一式三份）、医院发票、医院费用清单、工伤认定表、事故调查报告、劳动能力鉴定表，到相应单位申请工伤报销。

附录

我国有关电力安全生产的主要法律法规目录

1.《中华人民共和国安全生产法》
2.《中华人民共和国电力法》
3.《电力安全生产监督管理办法》
4.《电力建设安全生产监督管理办法》
5. 国家标准《电力安全工作规程》
6.《国家电网公司电力建设起重机械安全监督管理办法》
7. 国家电力公司《防止电力生产重大事故的二十五项重点要求》
8.《电力安全事故应急处置和调查处理条例》

参考文献

[1] 崔政斌，冯永发编著. 电力企业安全技术操作规程. 北京：化学工业出版社，2012.

[2] 蔡镇坤，高昆先，陈湘匀等编著. 电力企业安全生产365问. 北京：中国电力出版社，2010.

[3] 陆荣华编. 电力安全监督300问. 第3版. 北京：中国电力出版社，2013.

[4] 柳亦钢，杨开平，廖思哲主编. 电力安全事故分析原理与案例分析. 广州：暨南大学出版社，2013.

[5] 国家电力公司发输电运营部编. 电力生产安全监督培训教材. 北京：中国电力出版社，2003.

[6] 杨丽君，孙琪凡. 电力生产过程中的危险点及预控，电力安全技术A，2010，(7)：57-61.

[7] wenku. baidu. com 带电作业现场安全工作规程.

[8] 国家电力公司. 防止电力生产重大事故的二十五项重点要求. [2000] 589号文件.

[9] 中国电力企业联合会标准管理中心编. 国家标准《电力安全工作规程》条文解读本. 北京：中国电力出版社，2013.

[10] 电力安全工作规程 发电厂和变电站电气部分 GB 26860—2011.

[11] 电力安全工作规程 热力和机械部分 GB 26164. 1—2010.

[12] 电力安全工作规程 高压试验室部分 GB 26861—2011.

[13] 郎岩，冯永新编著. 电力企业现场实习人员安全知识手册. 北京：中国电力出版社，2007.

[14] 刘福潮等编著. 电力企业安全管理技术与实践. 西安：陕西科学技术出版社，2009.

[15] 任晓丹，刘建英主编. 电力安全生产与防护. 北京：北京理工大学出版社，2013.

[16] 吴永红，王金槐，李毅，黄志明编著. 电力安全生产与现场救护. 北京：中国水利水电出版社，2005.

[17] 本书编写组. 用电安全三字经——居民节约用电. 北京：中国电力出版社，2013.

[18] 苗培仁，周则青编著. 电力安全管理. 北京：中国电力出版社，2007.